EINSTEINS EERSTE FOUT

Tijdsinterval

Evgeni Bantutov

ЕДБ

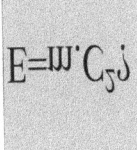

Copyright © 2022 Evgeni Bantutov

All rights reserved

The characters and events portrayed in this book are fictitious. Any similarity to real persons, living or dead, is coincidental and not intended by the author.

No part of this book may be reproduced, or stored in a retrieval system, or transmitted in any form or by any means, electronic, mechanical, photocopying, recording, or otherwise, without express written permission of the publisher.

Cover design by: ЕДБ

CONTENTS

Title Page
Copyright
1. Voorwoord — 1
2. Inleiding — 2
3. Beschrijving van het probleem — 3
4. Oplossing voor het probleem — 56
5. Analyse 02.02.2022. — 62
6 Analyse 22022022 — 68
7. Definitie omgeving — 70
8. Uitleg over de definitieomgeving. — 71
9. Conclusie — 77

1. VOORWOORD

Dit boek is getiteld Einsteins eerste fout. Het is ontworpen als een tweede editie en uitgebreide versie van het boek "Einstein's Mistake". Er zijn substantiële delen van de hoofdtekst aangepast en er zijn drie nieuwe hoofdstukken toegevoegd.

2. INLEIDING

De speciale relativiteitstheorie is bedacht door Albert Einstein. Het is een theorie van tijd, ruimte en beweging.

Bij het maken van de speciale relativiteitstheorie gebruikte Einstein klokken die tijd meten.

Deze klokken moeten synchroon lopen. Om ze synchroon te laten werken, moeten ze van tevoren worden gesynchroniseerd. Synchronisatie van klokken wordt altijd gedaan door een methode om de synchrone werking van klokken te verifiëren.

De methode van Albert Einstein is onmogelijk. Als de methode van Albert Einstein onmogelijk is, dan is Speciale Relativiteit ook onmogelijk.

Dat laten we in dit boek zien.

Er staan veel figuren in het boek. Door middel van de figuren wordt de methode van Albert Einstein om de synchrone werking van klokken te controleren eenvoudig weergegeven en uitgelegd.

Als er cijfers zijn, begrijpen lezers die geen speciale opleiding in natuurkunde hebben, meteen wat de fout van Albert Einstein was.

Het boek is heel bewust gemaakt, voor mensen die geen specialist zijn in natuurkunde, maar die graag nadenken, analyseren en zoeken naar antwoorden op interessante natuurkundige vragen en natuurlijke mysteries.

3. BESCHRIJVING VAN HET PROBLEEM

In 1905 verscheen het artikel " Zur elek $_t$ rodynamik verhuizer Körper" Annalen _ _ der Physik 1905 17, 891-921).

De auteur is erg jong en zijn naam is Albert Einstein. Na dit artikel werd hij een wereldberoemde onderzoeker.

Het artikel bestaat uit een inleiding, twee delen en tien alinea's. De belangrijkste dingen worden gezegd in de eerste drie pagina's van het artikel. Op deze paar pagina's worden de ideeën getoond die de basis vormen van de speciale relativiteitstheorie. Deze ideeën zijn onderhevig aan ernstige kritiek en er kan bezwaar tegen worden gemaakt.

Het belangrijkste bezwaar is tegen de methode van Albert Einstein om klokken te synchroniseren.

Dit is wat Einstein zegt:

Als een klok zich op een punt in de ruimte bevindt, kan de waarnemer die zich op bevindt A **de tijd van gebeurtenissen direct op bepalen** A. **Door te vragen naar het samenvallen van het gelijktijdig met deze gebeurtenissen de positie van de wijzers van de klok. Als er op een ander punt** B **in de ruimte ook een klok is, - we kunnen toevoegen, "een klok met precies hetzelfde apparaat als die in** A, **- dan is het nog steeds mogelijk om de tijd van gebeurtenissen in** de directe omgeving te bepalen, **uit de een in de** B **waarnemer.**

Zonder aanvullende aanname is het echter niet mogelijk

om in de tijd een gebeurtenis in te vergelijken A met een gebeurtenis in B; tot nu toe hebben we "tijd A" en "tijd B" gedefinieerd, maar niet de algemene, voor A en B "tijd".

Dat laatste kunnen we doen door per definitie aan te nemen dat de tijd die het licht nodig heeft om van A naar te reiken B gelijk is aan de tijd die nodig is om van B naar te reiken A. Laat het precies op een moment t_A ten opzichte van de tijd A zijn dat een lichtstraal van A naar wordt gericht B, op een moment t_B ten opzichte van de tijd B wordt hij gereflecteerd van B naar A en op een moment t'_A ten opzichte van "tijd A" keert hij terug naar A. Per definitie zijn twee klokken gesynchroniseerd als:

$$t_B - t_A = t'_A - t_B$$

Dit is de tekst waarin Albert Einstein zijn methode laat zien om twee klokken te synchroniseren, en bewijst dat deze twee klokken synchroon werken. De methode van Einstein is eenvoudig uit te leggen en te begrijpen door het gebruik van een numeriek voorbeeld.

Een waarnemer A zendt bijvoorbeeld om acht uur 's ochtends een lichtpuls uit. Acht uur is een moment in de tijd t_A.

$$t_A = 8$$

Als de twee klokken gesynchroniseerd zijn, zou de klok van de waarnemer B ook acht uur moeten aangeven.

Het begin van de lichtpuls arriveert op punt B, en dan geeft de klok van de waarnemer die zich op punt B bevindt tien uur aan. Tien uur is een moment van tijd t_B

$$t_B = 10$$

Als de twee klokken gesynchroniseerd zijn, zou de klok van de waarnemer A ook tien uur moeten aangeven.

De straal wordt gereflecteerd vanaf punt , en keert om B twaalf uur terug naar een waarnemer . A Twaalf uur is een moment van tijd t'_A.

$t'_A = 12$

Als de twee klokken gesynchroniseerd zijn, zou de klok op punt B ook twaalf uur moeten aangeven.

De lichtpuls legt de afstand van A tot B in twee uur af en de omgekeerde afstand, van B tot A, opnieuw in twee uur.

Volgens de definitie van Einstein zijn twee klokken gesynchroniseerd als:

$$t_B - t_A = t'_A - t_B$$

In de formule van Einstein vervangen we de tijdsmomenten door hun numerieke waarden en krijgen we de uitdrukking:

10-8=12-10

Het wordt verkregen:

2=2.

De gelijkheid is waar, daarom zijn de klokken gesynchroniseerd. Alles is heel eenvoudig en de lezer is ervan overtuigd dat commentaar overbodig is.

Helaas is dit niet waar.

Nu zullen u en ik, beste lezer, de methode van Albert Einstein zorgvuldig analyseren.

Albert Einstein zegt het volgende:

Laat het precies op een moment t_A ten opzichte van "tijd A" zijn dat een lichtstraal van A naar wordt gericht B, op een moment t_B ten opzichte van "tijd B" wordt hij gereflecteerd van B naar A, en op een moment t'_A ten opzichte van "tijd A" keert hij terug naar A.

Uit wat is gezegd, volgt dat wanneer de straal aankomt op punt B, deze moet reflecteren van punt B, en in de tegenovergestelde richting moet gaan bewegen, naar punt A. Albert Einstein heeft niet uitgelegd hoe een lichtstraal wordt gereflecteerd. Einstein liet geen specifieke manier zien waarop het licht zou reflecteren en van punt B naar punt zou gaan bewegen

A.

We weten allemaal dat de gemakkelijkste manier om licht te weerkaatsen via een spiegel is.

In het artikel van G. B. Malinin ("Over de mogelijkheden van experimenteel testen van het tweede postulaat van de speciale relativiteitstheorie" Uspekhi fiziknih Nauk, 2004, volume 174.) staat bijvoorbeeld dat de weerkaatsing van licht wordt uitgevoerd door een spiegel.

Daarom besluiten we ook om een spiegel te gebruiken. Hiervoor plaatsen we een spiegel op punt B. Het reflecterende oppervlak van de spiegel is naar punt gericht A.

Om het helemaal duidelijk te maken, zie figuur 1.

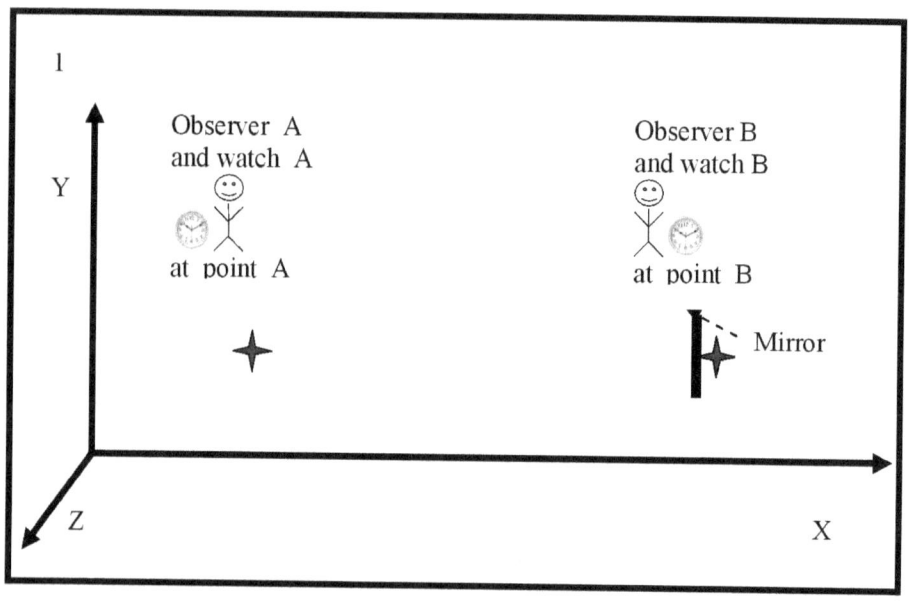

Figuur 1 toont:

Coördinaten systeem XYZ.

Een punt A waar zich een waarnemer A bevindt die is voorzien van een wacht A.

Een punt B waar zich een waarnemer B bevindt die is voorzien van een wacht B. Voor de punt B wordt een spiegel geplaatst die een lichtstraal kan weerkaatsen.

EINSTEINS EERSTE FOUT

Punt A, en punt B zijn gemarkeerd met het symbool "✦".

De klokken bij punt A en punt B zijn hetzelfde. Als de klokken hetzelfde zijn, wordt aangenomen dat ze dezelfde tijd meten.

waarnemer A weet niet hoe de wijzers van de klok van een waarnemer bewegen B.

Omgekeerd weet een waarnemer B niet hoe de wijzers van de klok van een waarnemer bewegen A. De klokken moeten worden gesynchroniseerd.

Albert Einstein stelde voor om de beweging van de wijzers van de twee klokken te synchroniseren met behulp van een lichtstraal. De methode van Albert Einstein zegt dat een waarnemer A een lichtstraal naar een waarnemer stuurt B. Er kan een laser worden gebruikt.

Zie figuur 2.

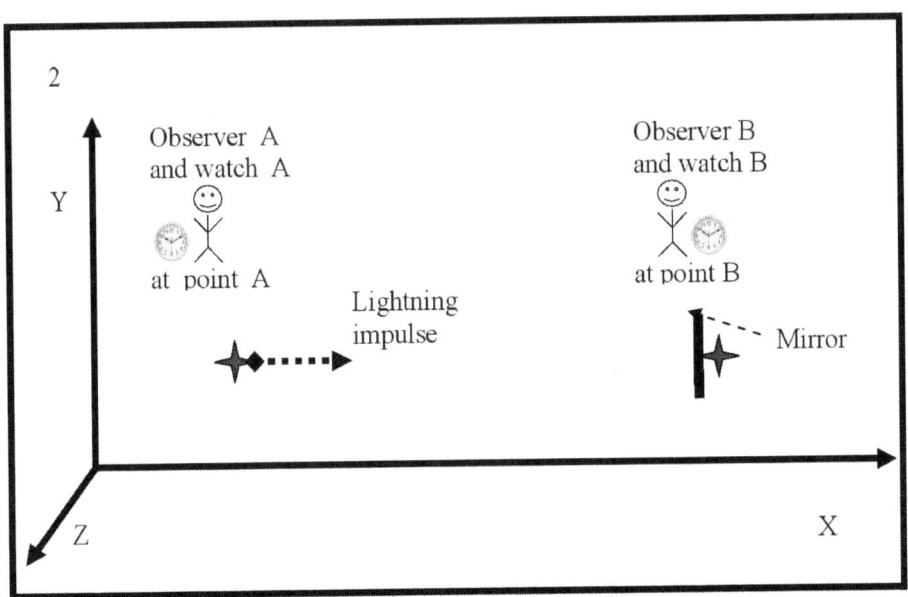

Figuur 2 toont een laserlichtpuls.

Een lichtpuls heeft een begin en een einde. Het verschijnen

van het begin van de lichtpuls is een gebeurtenis die op een bepaald moment plaatsvindt t_A. De waarnemer A bepaalt het moment in de tijd t_A door middel van zijn horloge, dat zich in de onmiddellijke nabijheid van een punt bevindt A. De waarnemer herinnert zich op een gegeven moment A dat de gebeurtenis "het verschijnen van het begin van de lichtpuls" op een bepaald moment plaatsvond t_A.

De lichtpuls begint te bewegen in de richting van de waarnemer die zich op punt bevindt B.

Zie figuur 3.

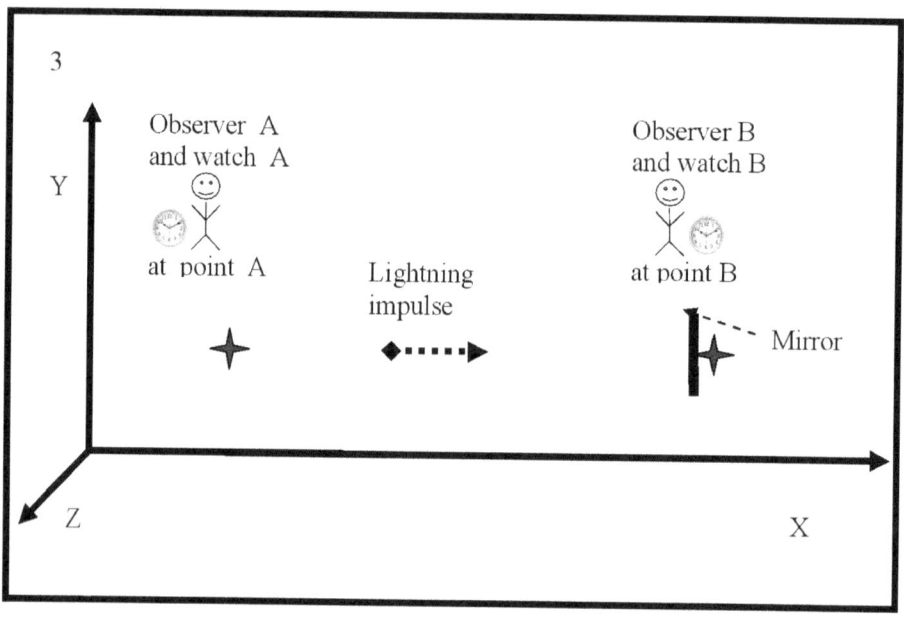

Figuur 3 laat zien dat de lichtpuls ergens tussen punt A en punt ligt B.

De waarnemer die zich op punt bevindt A, kan de beweging van de lichtstraal niet waarnemen. Maar de waarnemer die zich op punt bevindt A, weet (heeft informatie) dat de lichtstraal beweegt in de richting van de waarnemer die zich op punt bevindt B, en dat de lichtstraal zal reflecteren door de spiegel (die zich op punt bevindt B) en zal terugkeren wijzen A.

EINSTEINS EERSTE FOUT

De waarnemer op punt A, let zorgvuldig op de aflezingen van zijn horloge en wacht op de terugkeer van de lichtstraal, terug naar punt A.

De lichtpuls komt aan op punt B.

Zie figuur 4.

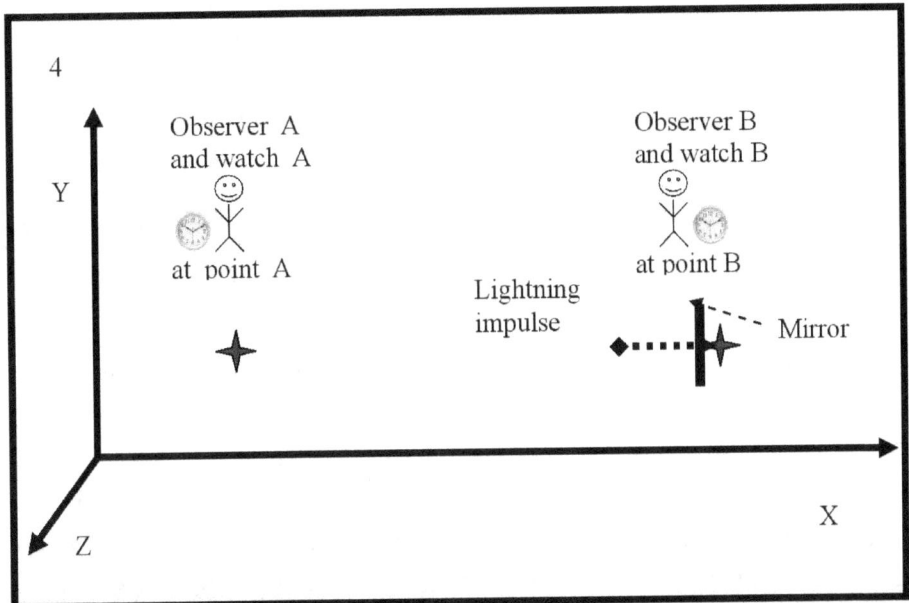

Figuur 4 laat zien dat de waarnemer op een punt B de aankomst van de lichtpuls opmerkt en door de spiegel weerkaatst ziet. De aankomst van de lichtstraal op een punt B en de weerkaatsing van de lichtstraal van de spiegel zijn twee gebeurtenissen die op hetzelfde moment plaatsvinden t_B.

Zie figuur 5.

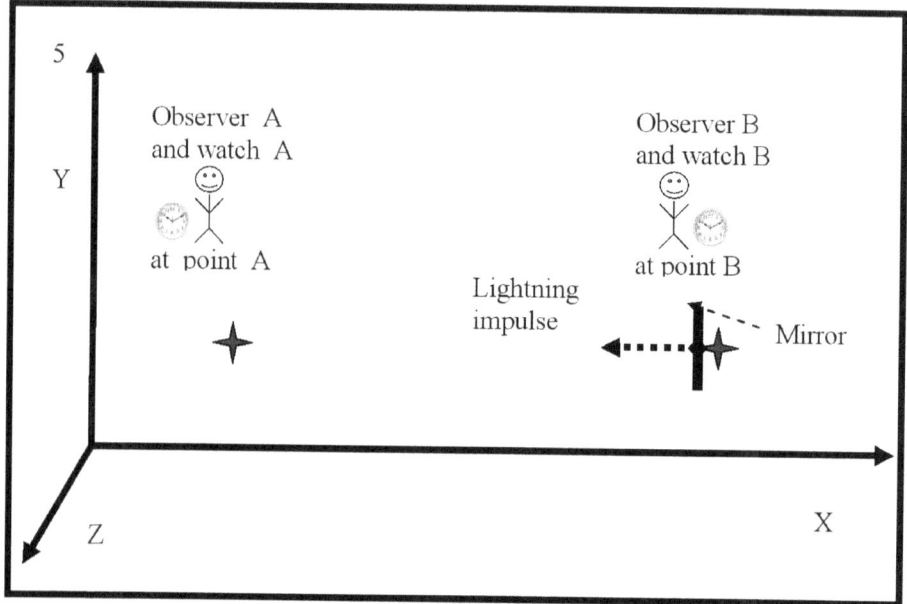

Figuur 5 toont de aankomst en reflectie van de lichtpuls. De waarnemer B merkt op een gegeven moment op dat deze twee gebeurtenissen, aankomst en reflectie, op hetzelfde moment plaatsvinden t_B. Het moment van tijd t_B wordt geregistreerd door de aflezingen van de wijzers van de klok, van de waarnemer op punt B. De waarnemer, die zich op punt bevindt B, herinnert zich dat de aankomst en weerkaatsing van de lichtstraal op een moment in de tijd plaatsvindt t_B.

De lichtpuls wordt door de spiegel gereflecteerd en reist terug naar een punt A waar de waarnemer zich bevindt A.

Zie afbeelding 6.

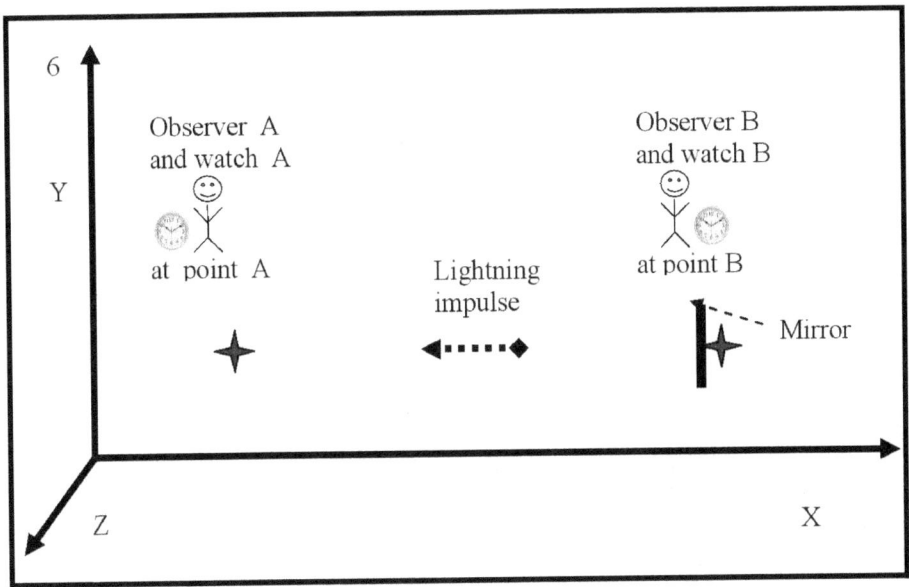

Figuur 6 laat zien dat de lichtpuls zich ergens tussen punt A, en punt bevindt B. De waarnemer op punt A, en de waarnemer op punt B, kunnen de beweging van de lichtpuls niet waarnemen, maar ze weten dat de puls van punt B naar punt beweegt A

De lichtpuls komt aan op punt A.
Zie figuur 7.

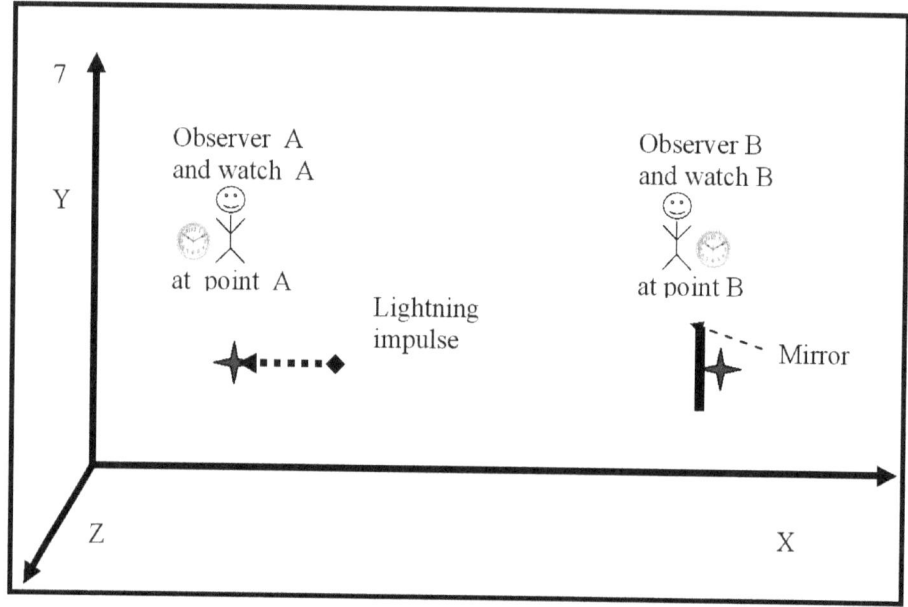

Figuur 7 laat zien dat de aankomst van de puls op punt A, een voorkomende gebeurtenis is. De waarnemer in punt A merkt op dat de aankomst van de lichtpuls op een moment in de tijd plaatsvindt t'_A. De meting van het moment t'_A wordt uitgevoerd door de aflezingen van de klok, die zich op punt bevindt A. De waarnemer A herinnert zich op een gegeven moment het moment van de tijd t'_A, omdat het moment van de tijd t'_A nodig is om de twee klokken te synchroniseren.

Na het uitvoeren van het gedachte-experiment komen vier belangrijke resultaten naar voren.

Eerste belangrijke resultaat:

De waarnemer op een punt A kent **de** numerieke waarde van de tijd t_A waarop de lichtpuls het punt verliet A, en **kent** de numerieke waarde van de tijd t'_A waarop de lichtpuls terugkwam op het punt A.

Een tweede belangrijk resultaat:

De waarnemer op een punt A weet **niet** de numerieke waarde van het tijdstip t_B waarop de lichtpuls op het punt arriveerde B.

Een derde belangrijk resultaat:

De waarnemer in beeld B **weet** dat de lichtpuls is aangekomen op een B tijdstip t_B, geregistreerd door een klok B.

Vierde belangrijk resultaat:

De waarnemer op een punt B kent de numerieke waarde **niet** van het tijdstip t_A waarop de lichtpuls het punt verliet A, en **hij kent** de numerieke waarde niet van het tijdstip t'_A waarop de lichtpuls terugkwam op het punt A.

Om de twee klokken volgens te synchroniseren, moet aan de voorwaarde worden voldaan:

$$t_B - t_A = t'_A - t_B$$

Om de wiskundige uitdrukking te kunnen schrijven, moet ten minste één van de twee waarnemers, ofwel de waarnemer in punt A, ofwel de waarnemer in punt B, **weten de drie numerieke waarden,** op de momenten van tijd t_A, t_B en t'_A.

Helaas kent geen van de twee waarnemers, de eerste op punt A, en de tweede op punt B, **de drie numerieke waarden** van tijdsmomenten t_A, t_B en t'_A.

Zie figuur 8.

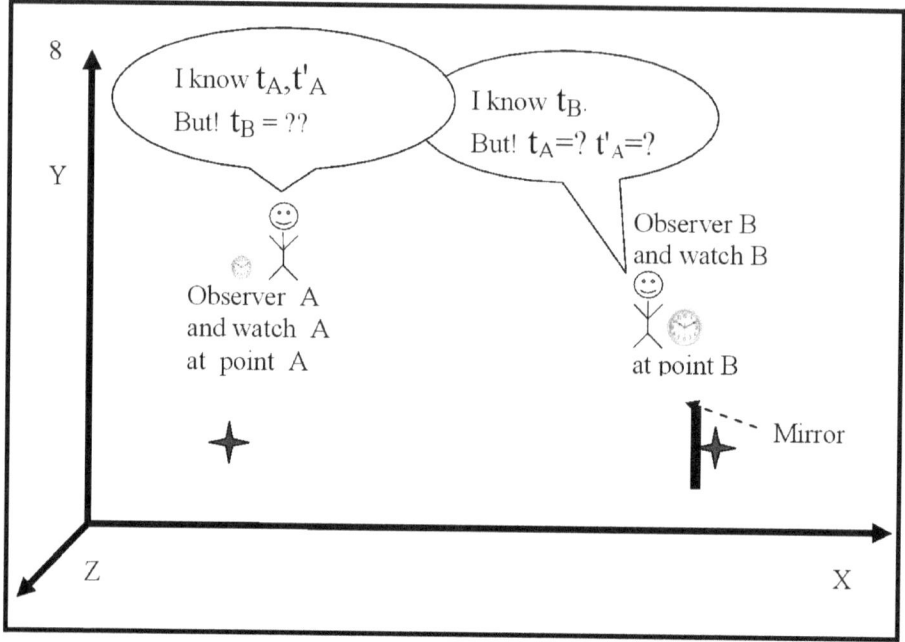

Figuur 8 laat zien dat dan geen van de waarnemers, de eerste in punt A, en de tweede in punt B, de wiskundige uitdrukking kan schrijven

$$t_B - t_A = t'_A - t_B$$

door welke tijdsintervallen worden bepaald.

Aangezien de wiskundige uitdrukking niet kan worden geschreven, volgt hieruit dat waarnemers de twee tijdsintervallen niet kunnen berekenen. Als waarnemers de twee tijdsintervallen niet kunnen berekenen, kunnen ze de twee klokken niet synchroniseren.

We hebben een analyse uitgevoerd en het resultaat van de analyse is dat Albert Einstein een verschrikkelijke fout heeft gemaakt en dat zijn methode om de synchrone werking van twee klokken te bewijzen verkeerd was.

Het roept de vraag op: heeft Albert Einstein echt een fout gemaakt? Misschien hebben we in onze analyse iets door elkaar gehaald?

Onze analyse en de conclusie die we hebben getrokken

zijn correct. Als de methode van Albert Einstein een spiegel zou gebruiken om de lichtpuls te weerkaatsen, zouden de klokken niet kunnen worden gesynchroniseerd.

Het probleem is dat Albert Einstein niet in detail heeft uitgelegd hoe het mentale werkt een experiment. Details zijn erg belangrijk bij het uitvoeren van een gedachte-experiment, maar helaas heeft Albert Einstein hier geen aandacht aan besteed.

In deze situatie moeten we nadenken en nadenken over wat Albert Einstein wilde zeggen. Als we het idee van Albert Einstein begrijpen, moeten we de manier veranderen, de methode om de twee klokken te synchroniseren, en de resultaten opnieuw analyseren.

We hebben al begrepen dat de waarnemer die zich op het punt bevindt A, kent t_A, en t'_A, maar het tijdstip niet kent t_B en de twee tijdsintervallen niet kan berekenen en aantonen dat ze gelijk zijn.

De vraag rijst: hoe A zal de waarnemer op het punt de numerieke waarde van het moment begrijpen t_B?

De waarnemer A kan de numerieke waarde van het moment van veme t_B, van de klok die zich op een punt bevindt B, begrijpen door rechtstreeks de wijzerplaat van de klok te observeren die zich op een punt bevindt B. Misschien was dat het idee van Albert Einstein? Als dat het geval is, moet de lichtstraal die van de waarnemer A naar de waarnemer wordt gestuurd B, de wijzerplaat op punt verlichten B en door de wijzerplaat worden gereflecteerd B. Het licht dat wordt gereflecteerd door de wijzerplaat van een klok B zal terugkeren naar een waarnemer A en de waarnemer A zal de wijzers van een klok zien B. Dan B mag er op het punt geen spiegel zijn. Het horloge van een waarnemer moet in plaats van de spiegel worden geplaatst B.

Nu zullen we, door middel van verschillende figuren, gedetailleerd en gedetailleerd, stap voor stap, de essentie van het nieuwe gedachte-experiment laten zien.

Zie figuur 9.

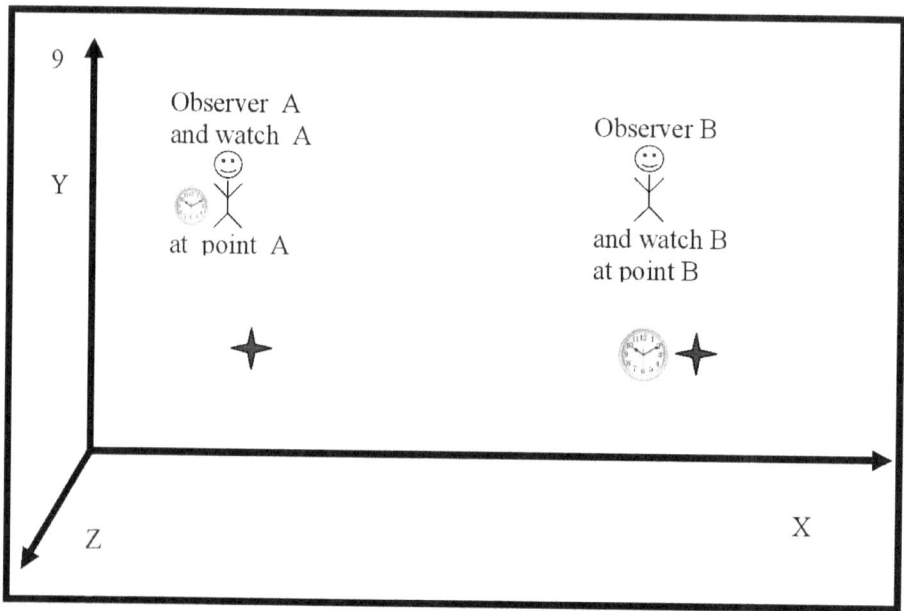

In figuur 9 worden de twee waarnemers getoond. De eerste waarnemer bevindt zich in de directe omgeving van punt A. Naast de waarnemer staat een klok A. De tweede waarnemer bevindt zich in de onmiddellijke nabijheid van punt B. Het horloge van een B waarnemer bevindt zich voor een punt B. De klok van de waarnemer B bevindt zich in plaats van de spiegel. De wijzerplaat van de klok B is naar een waarnemer gericht A. Wanneer de wijzerplaat van een klok B op een punt wordt gericht A, zal de lichtpuls de wijzerplaat verlichten en terugkaatsen naar een waarnemer A.

Het nieuwe experiment wordt op een andere manier uitgevoerd. De startvoorwaarden zijn anders. Het belangrijkste verschil is dat de waarnemer die zich op het punt A bevindt, de plaatsing van de wijzers moet zien van de klok die op het punt is geplaatst B. Dit gebeurt wanneer het begin van de lichtstraal bij een klok aankomt B, de wijzerplaat van een klok verlicht B en teruggekaatst wordt naar een waarnemer A, en bij een waarnemer aankomt A.

Op het moment van verlichting tonen de pijlen de

numerieke waarde van het moment in de tijd t_B.

De vraag rijst: hoe kan het worden gedaan zodat een waarnemer A het exacte moment van verlichting van de wijzerplaat van een klok kan zien B?

Het antwoord is eenvoudig. Dit betekent dat het experiment in het donker moet worden uitgevoerd. Daarom doen we, wanneer we het gedachte-experiment uitvoeren, "het licht uit".

Zie afbeelding 10.

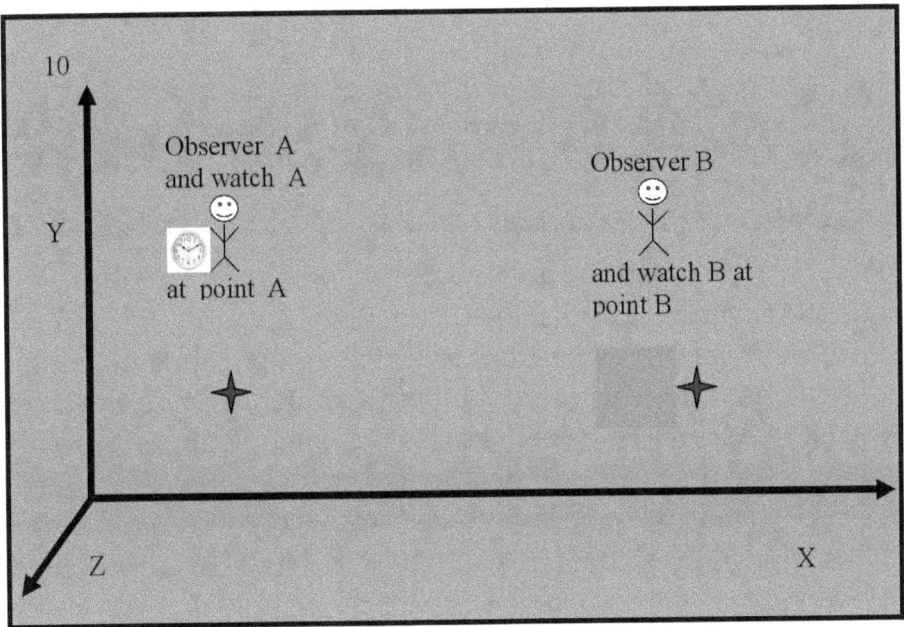

Figuur 10 laat zien dat de waarnemer die zich op punt A bevindt de wijzers van zijn klok ziet A, die lichtjes verlicht is, maar de wijzers van de klok op punt niet ziet B, omdat het donker is.

De waarnemer die zich op een punt bevindt B, ziet de wijzers van zijn horloge niet B.

Een waarnemer A stuurt een lichtstraal naar een waarnemer B.

Zie figuur 11.

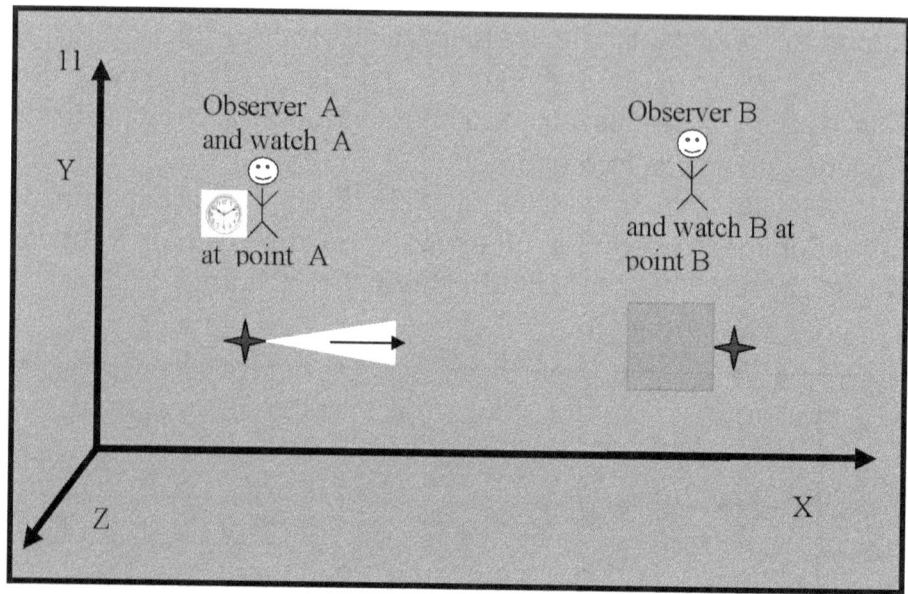

Figuur 11 laat zien dat de bron van de lichtpuls afkomstig is van een zaklamp die op de klok is gericht B.

We moeten ons herinneren dat toen het eerste gedachte-experiment werd uitgevoerd, de bron van de lichtpuls een laser was. Het verschil tussen de lichtpuls van een laser en de lichtpuls van een zaklamp is een zeer belangrijke factor.

Het begin van de laserstraal wordt gereflecteerd door de spiegel en kaatst terug. Het begin van de laserstraal bevat geen informatie over de klokstand op punt B. Het begin van de lichtstraal van de zaklamp, wanneer gereflecteerd door een klok B, bevat informatie over de aflezingen van de klok op punt B.

We zullen zien dat het dit verschil tussen het licht van de laser en het licht van de zaklamp is dat de synchronisatiemethode van de twee klokken verandert.

Het begin van de lichtpuls is een gebeurtenis die op een bepaald moment plaatsvindt t_A. De waarnemer A bepaalt het moment in de tijd t_A via zijn horloge, dat zich in de onmiddellijke nabijheid van punt A bevindt. De waarnemer op punt A, herinnert zich dat de gebeurtenis "het verschijnen van het begin van de lichtpuls" op een moment in de tijd plaatsvond t_A.

De lichtstraal begint te bewegen in de richting van de waarnemer, die zich op punt B bevindt. De oorsprong van de lichtstraal bevindt zich ergens tussen punt A en punt B.

Zie figuur 12.

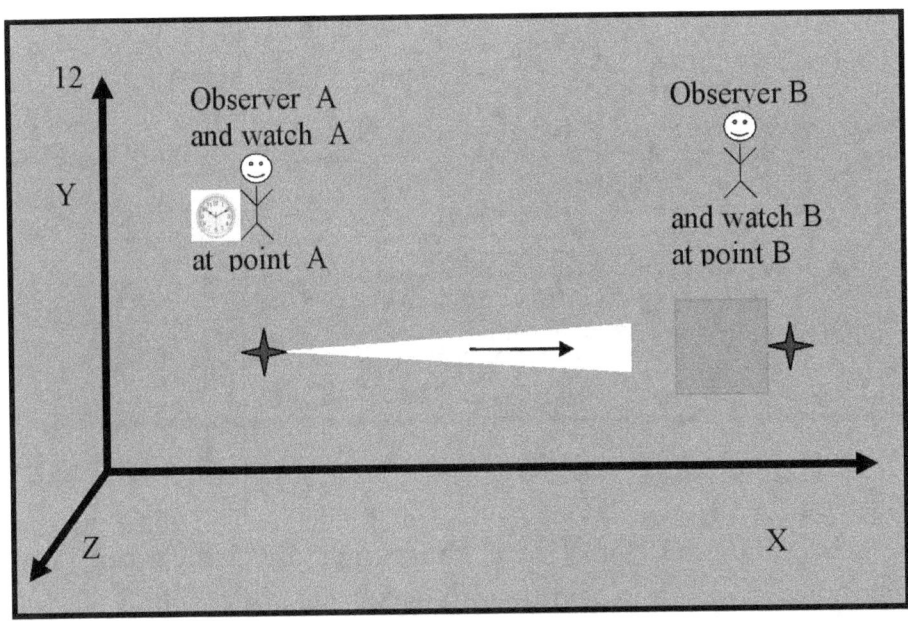

Figuur 12 laat zien dat de waarnemer op punt A, de beweging van de oorsprong van de lichtstraal niet kan waarnemen. Maar de waarnemer, die zich op punt bevindt A, heeft informatie dat het begin van de lichtstraal naar de waarnemer op punt beweegt B en dat het begin van de lichtstraal zal worden gereflecteerd door de wijzerplaat van de klok op punt B en dat het zal terugkeren op punt A.

Het begin van de lichtstraal komt aan bij punt B, en verlicht de wijzerplaat van de klok, die voor punt is geplaatst B.

Zie afbeelding 13

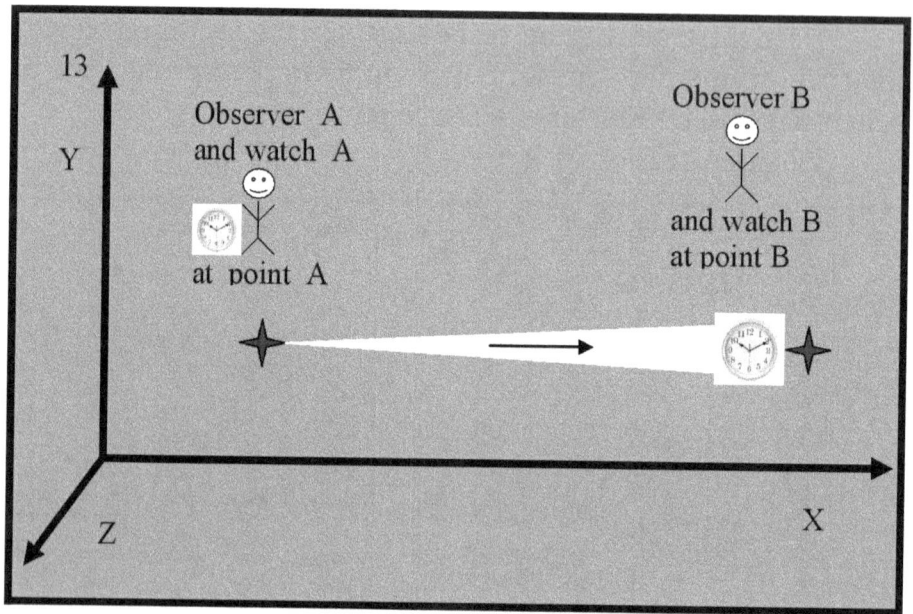

Figuur 13 laat zien dat wanneer de voorrand van de lichtstraal de wijzerplaat verlicht B, de waarnemer ter plekke B de wijzerplaat zal zien B. De waarnemer die zich op een punt bevindt B, ziet de plaatsing van de wijzers van de klok B. De pijlen geven het moment aan t_B.

De aankomst van de lichtstraal op punt B, de verlichting van de wijzerplaat en de weerkaatsing van de lichtstraal van de klok zijn drie gebeurtenissen die op hetzelfde moment plaatsvinden t_B. De waarnemer B merkt op een gegeven moment op dat deze drie gebeurtenissen, namelijk aankomst, verlichting en reflectie, op hetzelfde moment plaatsvinden t_B. De waarnemer die zich op een punt bevindt, B herinnert zich dat de aankomst, verlichting en reflectie van de lichtstraal op een moment in de tijd plaatsvinden t_B.

Het is heel belangrijk om te begrijpen en te onthouden dat wanneer de waarnemer die zich op een punt bevindt B de wijzers van de verlichte klok ziet die zich op een punt bevindt B dat het moment aangeeft t_B, op dat moment de t_B waarnemer die zich op een punt bevindt A de wijzers van de klok niet ziet . op een punt B. De wachter A kijkt op de klok B, maar ziet duisternis. De lichtstraal die door de klok wordt gereflecteerd, B is namelijk nog niet bij de waarnemer aangekomen A.

Zie figuur 14.

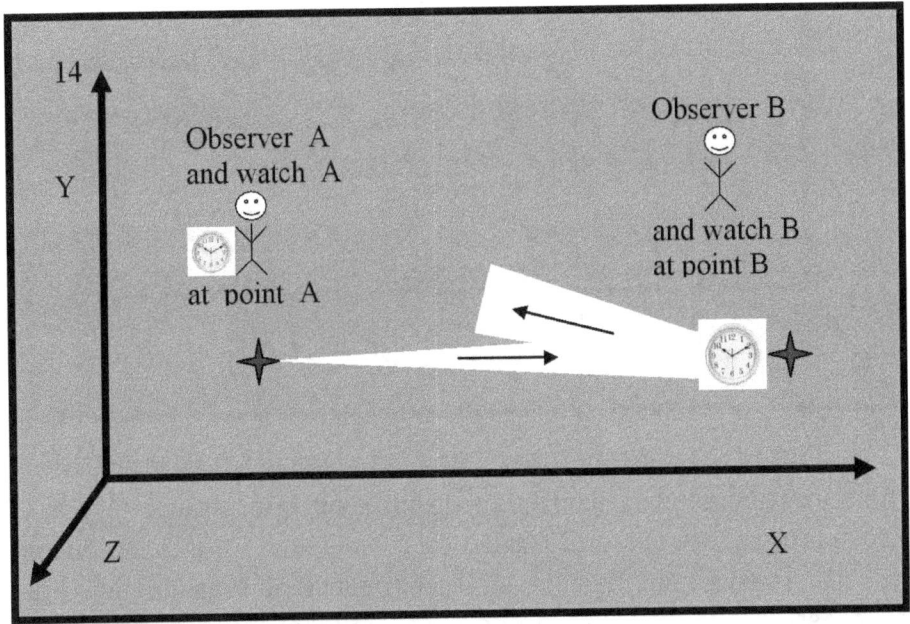

Figuur 14 laat zien dat de oorsprong van de lichtbundel ergens tussen de twee waarnemers ligt.

Wanneer de gereflecteerde straal bij een waarnemer aankomt A, alleen dan zal hij de verlichting van de klok op dat punt zien B.

Nogmaals, ik zal zeggen dat de weerkaatsing van de lichtstraal van de wijzerplaat op punt B, een zeer belangrijk element is van het experiment dat we uitvoeren. De weerkaatsing van een lichtstraal van een wijzerplaat is fundamenteel anders dan de weerkaatsing van een laserstraal van een spiegel.

Dit komt omdat, na reflectie van de wijzerplaat B, het begin van de lichtstraal het lichtbeeld draagt van de verlichte wijzerplaat die zich op punt bevindt B.

Zie afbeelding 15.

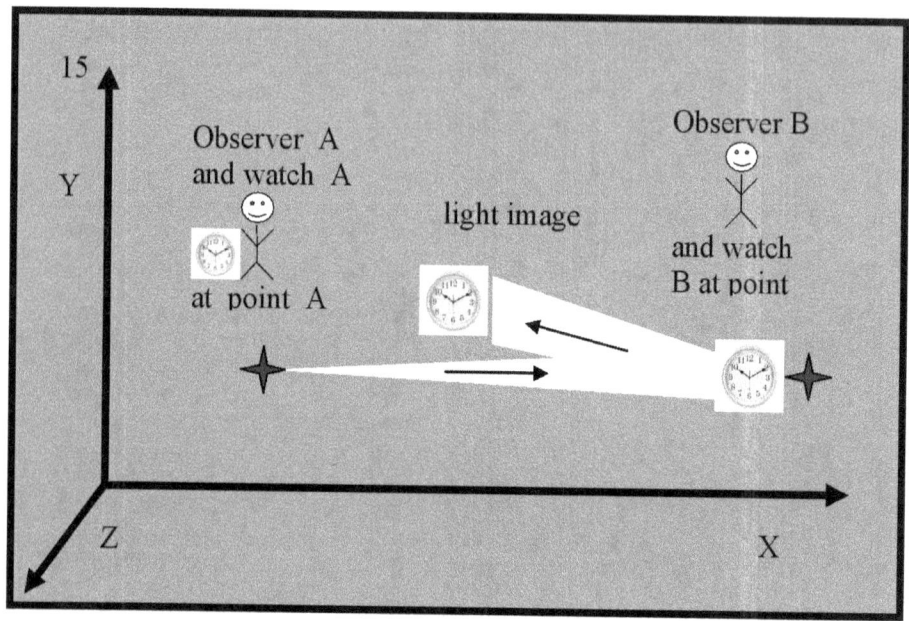

Figuur 15 laat zien dat het begin van de lichtstraal heeft "herinnerd" hoe de wijzers van de klok op punt staan B. Dit is het belangrijkste verschil tussen de twee gedachte-experimenten die we analyseren. In het eerste experiment was de lichtpuls afkomstig van een laser die door een spiegel werd gereflecteerd en geen lichtbeeld droeg. De gereflecteerde laserlichtpuls is een eenvoudige lichtflits.

Dit feit is erg belangrijk, daarom moet worden begrepen en onthouden dat in het tweede experiment het begin van een lichtstraal *informatie bevat* over de locatie van de wijzers van de klok op punt B. Dit is *informatie* over de kwantitatieve, numerieke waarde van een moment in de tijd t_B.

De lichtpuls ligt ergens tussen punt A en punt B. De waarnemer op punt A, en de waarnemer op punt B, kunnen de beweging van de lichtpuls niet waarnemen, maar ze weten dat de puls van punt B naar punt beweegt A en dat deze het lichtbeeld draagt van de verlichte wijzerplaat die zich op punt bevindt B.

Zie afbeelding 16.

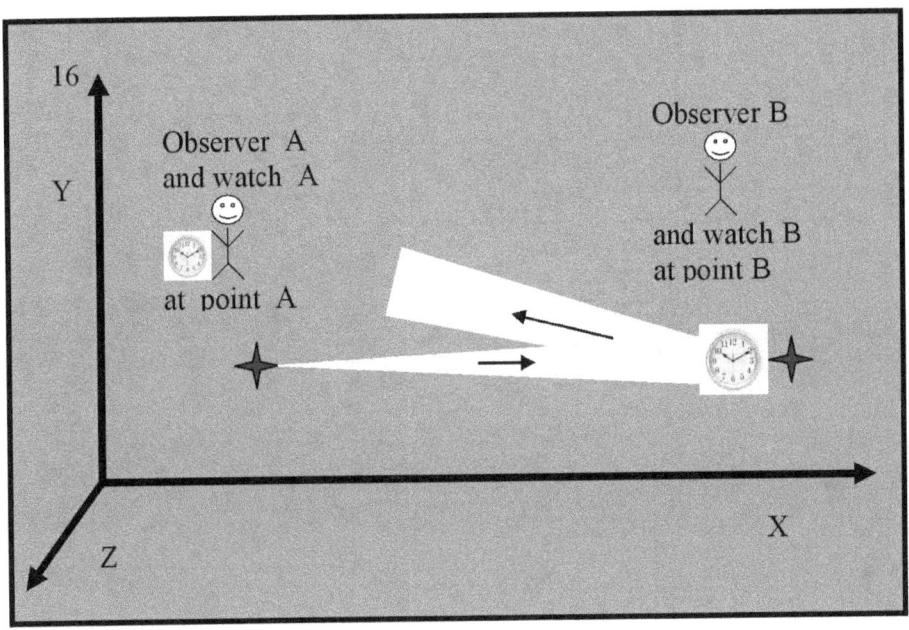

In figuur 16 wordt het lichtbeeld van de verlichte wijzerplaat op punt , niet weergegeven B, maar waarnemers en we weten dat het er is.

De lichtpuls komt aan op punt A.
Zie afbeelding 17.

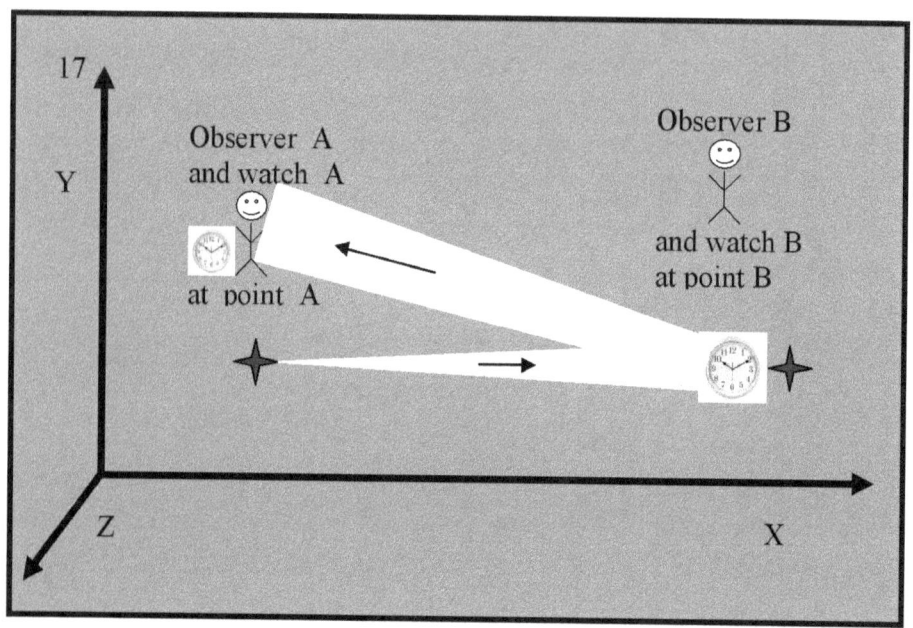

Figuur 17 laat zien dat wanneer de lichtpuls bij een waarnemer aankomt A, hij het lichtbeeld van de wijzerplaat op punt zal zien B. Het begin van de lichtpuls geeft de positie van de wijzers van de klok op punt aan B. De positie van de wijzers op een klok B geeft het moment in de tijd aan t_B. Wanneer de waarnemer zich op punt A bevindt, de positie van de wijzers van een klok ziet, zal hij B **informatie** accepteren over de kwantitatieve waarde, de numerieke waarde van het moment van tijd t_B.

Dit gebeurt nu t'_A. Het fan-in-punt A merkt op dat de aankomst van de lichtpuls en de ontvangst van de informatie op tijd plaatsvindt t'_A. De meting van het moment in de tijd t'_A wordt geteld door de aflezingen van de klok, die zich op punt bevindt A. De waarnemer in beeld A onthoudt het moment in de tijd t'_A omdat het moment in de tijd t'_A nodig is om de twee klokken te kunnen synchroniseren

Wat we zeiden is erg belangrijk. Het moet worden begrepen

Op een bepaald moment ontvangt t'_A **een waarnemer** A **tijdsinformatie** t_B.

Het gedachte-experiment van het synchroniseren van de twee klokken is voltooid. Na het uitvoeren van het gedachte-experiment ontvangen de waarnemer A en de waarnemer B de volgende resultaten:

Waarnemer resultaten B:

Eerst.

De waarnemer op een punt B weet dat de lichtpuls op een bepaald B moment op een bepaald moment is aangekomen en door de spiegel is gereflecteerd op een t_B door zijn klok geregistreerd tijdstip. t_B

Seconde.

De waarnemer op een punt B kent de numerieke waarde niet van het tijdstip t_A waarop de lichtpuls het punt verliet A, en hij kent de numerieke waarde niet van het tijdstip t'_A waarop de lichtpuls terugkwam op het punt A. Om de twee klokken te synchroniseren (volgens Albert Einstein), moet aan de voorwaarde worden voldaan:

$$t_B - t_A = t'_A - t_B$$

Om de wiskundige uitdrukking te schrijven, B moet de waarnemer die zich op punt bevindt de drie numerieke waarden van de tijdsmomenten kennen t_A, t_B en t'_A.

Een waarnemer B kent de drie numerieke waarden van de tijdsmomenten t_A en niet t_B. t'_A Daarom kan een waarnemer B de twee klokken niet synchroniseren.

Waarnemer resultaten A:

De waarnemer op een punt A kent de numerieke waarde

van het tijdstip t_A waarop de lichtpuls het punt verliet A.

De waarnemer op een punt A kent de numerieke waarde van het tijdstip t_B waarop de lichtpuls op het punt arriveerde B.

De waarnemer op een punt A kent de numerieke waarde van het tijdstip t'_A waarop de lichtpuls terugkwam op het punt A.

Albert Einstein zei dat om de twee klokken te synchroniseren, aan de voorwaarde moet worden voldaan:

$$t_B - t_A = t'_A - t_B$$

Een waarnemer A kent de drie numerieke waarden van de tijdsmomenten t_A, t_B en t'_A.

De waarnemer A schrijft de vergelijking, lost hem op, en volgens Albert Einstein is dat genoeg, en de klokken worden gesynchroniseerd. Het experiment dat we aan het uitvoeren zijn, is succesvol beëindigd.

Is het echt zo?

Het antwoord op deze vraag is: Nee!

De conclusie dat het experiment succesvol is afgerond is niet waar. We laten nu zien dat de klokken niet gesynchroniseerd mogen zijn.

Volgens de methode van Albert Einstein moet het moment van de tijd t_B in het midden van het interval liggen, tussen t_A en t'_A, en dan worden de klokken gesynchroniseerd. Laten we ons het experiment met de specifieke nummers van de tijdsmomenten herinneren:

Acht voor tien is twee uur en tien voor twaalf is twee uur. Tien is in het midden van het interval van acht tot twaalf, en dan worden de klokken gesynchroniseerd. Voor Albert Einstein is dit het belangrijkste.

Maar we beweren dat:

Tien kan **in** het midden van het interval zijn, en de klokken **misschien zijn niet** gesynchroniseerd.

En dat:

Tien is misschien **niet** in het midden van het interval en de klokken **zijn** gesynchroniseerd.

Wat is dit mysterie en hoe is dit mogelijk?!

Het is mogelijk omdat we een heel belangrijk feit zijn vergeten:

Op een bepaald tijdstip ontvangt t'_A **een waarnemer** A **informatie over het tijdstip** t_B **van een andere klok**.

Het verkrijgen van **tijdinformatie** van een t_B andere klok verandert de gehele synchronisatiemethode.

We zullen het numerieke voorbeeld nog een keer opschrijven.

De lichtpuls begint om acht uur, **volgens beide klokken**, arriveert om tien uur, **volgens beide klokken**, en keert terug om twaalf uur, **volgens beide klokken**.

Het belangrijkste is geconcentreerd in de term ' **volgens de twee klokken** '.

Dit betekent dat een waarnemer , A of een waarnemer B, **een samenloop van gebeurtenissen moet zien** . Er zijn drie wedstrijden.

Eerste wedstrijd:

Toeval van de gebeurtenis, die plaatsvindt op het moment van acht uur volgens A, met de gebeurtenis, die plaatsvindt op het moment van acht uur volgens B.

Tweede wedstrijd:

Toeval van de gebeurtenis, die plaatsvindt op een tijdstip tien uur volgens A, met de gebeurtenis, die plaatsvindt op een tijdstip tien uur volgens B.

Derde wedstrijd:

Toeval van de gebeurtenis, die plaatsvindt op een tijdstip twaalf uur volgens A, waarbij de gebeurtenis plaatsvindt op een tijdstip twaalf uur volgens B.

Als een waarnemer A of waarnemer B de drie toevalligheden van gebeurtenissen niet kan zien, kunnen de klokken niet synchroniseren.

Wij beweren dat:

Wanneer een waarnemer A, of een waarnemer , B **informatie** ontvangt over het optreden van een gebeurtenis, kan de waarnemer het **samenvallen** van het optreden van deze gebeurtenis met het optreden van een andere gebeurtenis niet waarnemen.

Toeval van gebeuren is alleen mogelijk en alleen met **"direct" bewaken** . Een heel belangrijke vraag rijst hier: wat betekent **directe observatie** ? Einstein stelde deze vraag niet en analyseerde het fenomeen van **"directe observatie" niet** . Analyse is noodzakelijk, vooral als het gaat om de wetenschap van de kwantummechanica, waar de tijdsmomenten heel dicht bij elkaar liggen en de tijdsintervallen erg klein zijn.

Kortom, de waarnemer kan de twee klokken niet synchroniseren.

Nu zullen we het experiment opnieuw uitvoeren, zorgvuldig, zonder haast, en een gedetailleerde analyse maken.

Zie voor de duidelijkheid figuur 18.

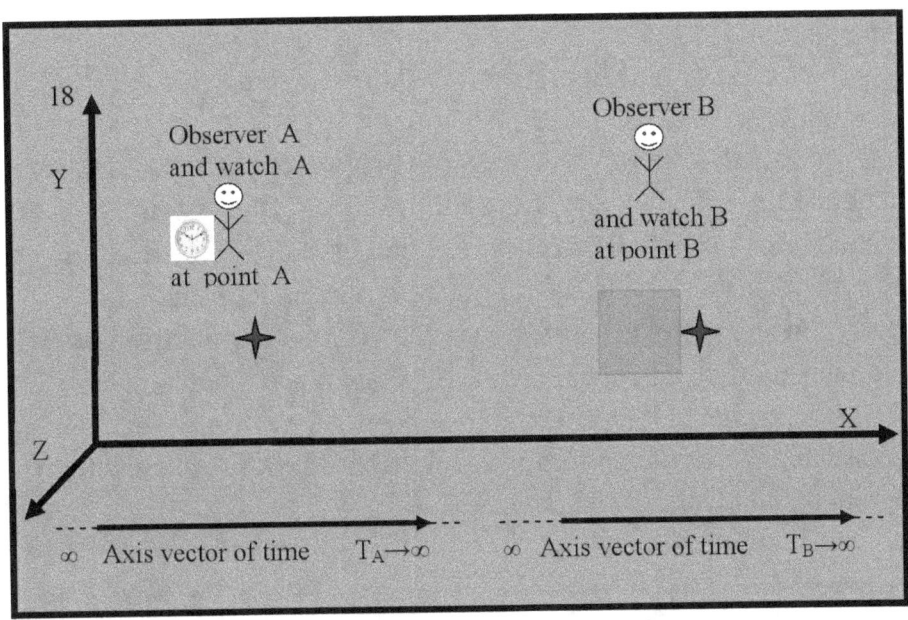

In figuur 18 wordt een waarnemer getoond A die een klok ziet A maar geen klok ziet B omdat de klok B niet verlicht is. Een waarnemer B op punt B, die geen klok ziet B omdat de klok B niet verlicht is.

Onderaan de figuur zijn twee vectoren weergegeven. Dit zijn gecoördineerde assen van tijd. De linker as van de tijd getoond volgens de figuur laat zien hoe de kloktijd verandert A, de rechter laat zien hoe de kloktijd B verandert. De twee assen van tijd begonnen hun begin, in het oneindige verre verleden, en zullen blijven groeien, in de oneindige verre toekomst. De twee tijdassen zijn onafhankelijk van elkaar omdat ze afkomstig zijn van twee onafhankelijke klokken, klok A en klok B. Op de assen markeren we de tijdmomenten van klok A en klok B.

Op deze manier zullen we de tijdsmomenten tussen waarnemer A en waarnemer vergelijken B. We zullen kunnen begrijpen welk moment een waarnemer ziet A als een waarnemer B op zijn horloge kijkt, en omgekeerd welk moment een waarnemer ziet B als een waarnemer op A zijn horloge kijkt.

Een waarnemer A stuurt een lichtstraal naar een

waarnemer B.

De bron van de lichtstraal is afkomstig van een zaklamp, die is gericht op de klok op punt B.

Het verschijnen van het begin van de lichtstraal is een gebeurtenis die op een bepaald moment plaatsvindt t_A. De waarnemer A bepaalt het moment van de tijd t_A door middel van zijn horloge, dat zich in de nabijheid van punt bevindt A.

De numerieke waarde van het moment van tijd t_A wordt weergegeven op de coördinaatas op de tijdvector van een klok A. De waarnemer A herinnert zich op een gegeven moment dat de gebeurtenis "het verschijnen van het begin van de lichtpuls" op een bepaald moment plaatsvond t_A.

Zie figuur 19.

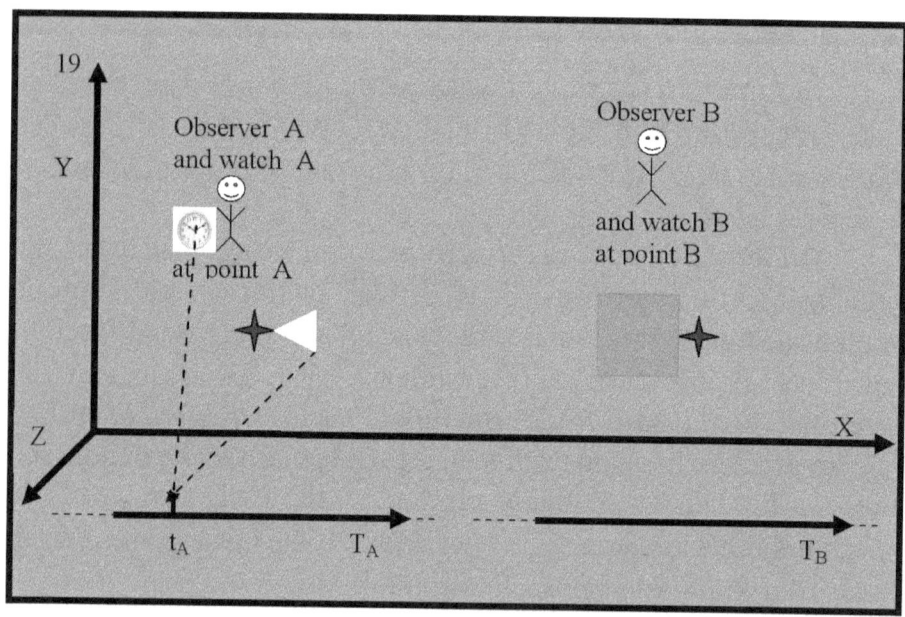

In figuur 19 zijn twee gestippelde pijlen zichtbaar, die naar het moment van de tijd wijzen t_A. De eerste pijl is van de klok A naar de huidige tijd t_A. Dit is de klokstand A. De tweede pijl begint vanaf het begin van de lichtstraal en eindigt bij t_A en geeft aan dat het begin van de lichtstraal verscheen op het moment van de tijd t_A.

Als de klok van een waarnemer de tijd A aangeeft t_A, dan zal de klok van de waarnemer B een eigen tijd aangeven, die we aanduiden met het symbool t_{BA}.

Zie afbeelding 20

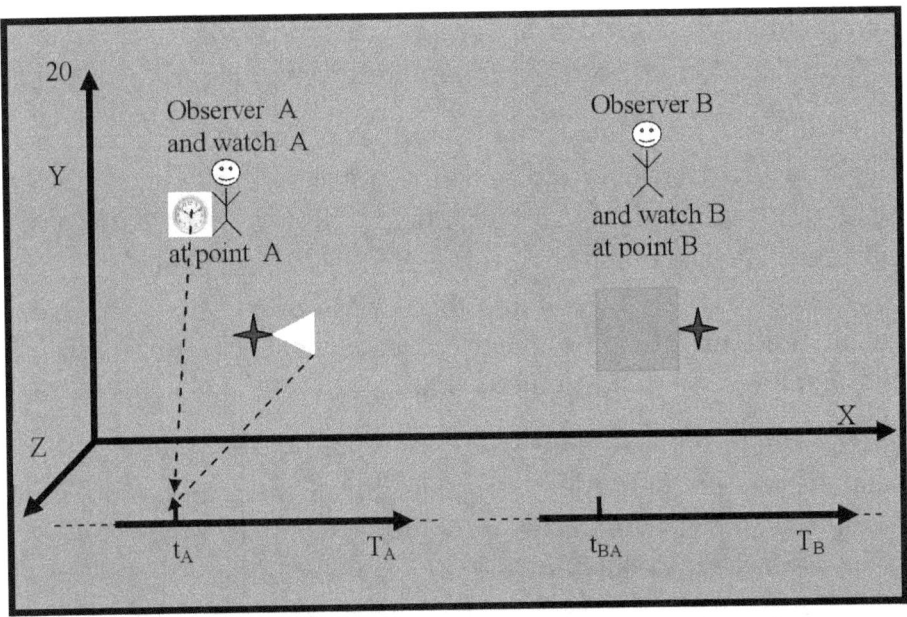

Figuur 20 toont het moment van de tijd t_{BA}, die op de vector T_B van de klok staat B. Als we aannemen dat de klok B en het horloge A dezelfde tijd meten en aangeven, dan is het moment van tijd t_A moet gelijk zijn aan het moment van de tijd t_{BA}.

Er rijzen twee vragen.

De eerste vraag is:

Kan een waarnemer A weten dat het tijdsmoment t_A gemeten door zijn horloge A gelijk is aan het tijdsmoment t_{BA} gemeten door een klok B?

Het antwoord is nee. Dit komt omdat een waarnemer A naar de klok kijkt B, maar het is daar donker. Het is donker omdat de wijzerplaat B niet verlicht wordt door de lichtstraal. Wanneer de lichtstraal bij een klok aankomt B, weerkaatst op de wijzerplaat van een klok B en terugkeert naar een waarnemer A, alleen dan zal de waarnemer A het tijdstip t_{BA} op de klok zien B. Als een waarnemer A ziet moment t_{BA} van de kloktijd B, zal hij op zijn klok kijken en t_{BA} de kloktijd vergelijken B met zijn kloktijd A. Zijn horloge A zal een andere tijd aangeven die niet gelijk is aan de huidige tijd t_{BA}. Dit komt omdat licht met een snelheid van driehonderdduizend kilometer per seconde reist en de afstand van punt B naar punt aflegt A in een echt tijdsinterval. Dit echte interval is een vertraging die de klok laat zien A.

Waarnemer A, kan het optreden van de twee gebeurtenissen niet waarnemen, kan het optreden van de tijdstippen niet waarnemen, kan de twee tijdstippen niet vergelijken t_A en t_{BA} kan geen samenloop van gebeurtenissen waarnemen en kan niet ondubbelzinnig stellen dat op deze manier hij, de waarnemer, de twee klokken synchroniseert.

De tweede vraag luidt:

Kan een waarnemer B weten dat het t_A gelijk is aan t_{BA} ?

Het antwoord is nee. Dit is onmogelijk omdat een Waarnemer B de klok van een A licht verlichte waarnemer ziet, maar de gebeurtenis "de lichtstraal verlaten" niet ziet van punt A, omdat het begin van de lichtstraal nog ergens tussen punt A en punt ligt B.

Het begin van de lichtstraal en de aflezing van de klok A, voor het moment van tijd t t_A, bewegen samen.

Zie afbeelding 21.

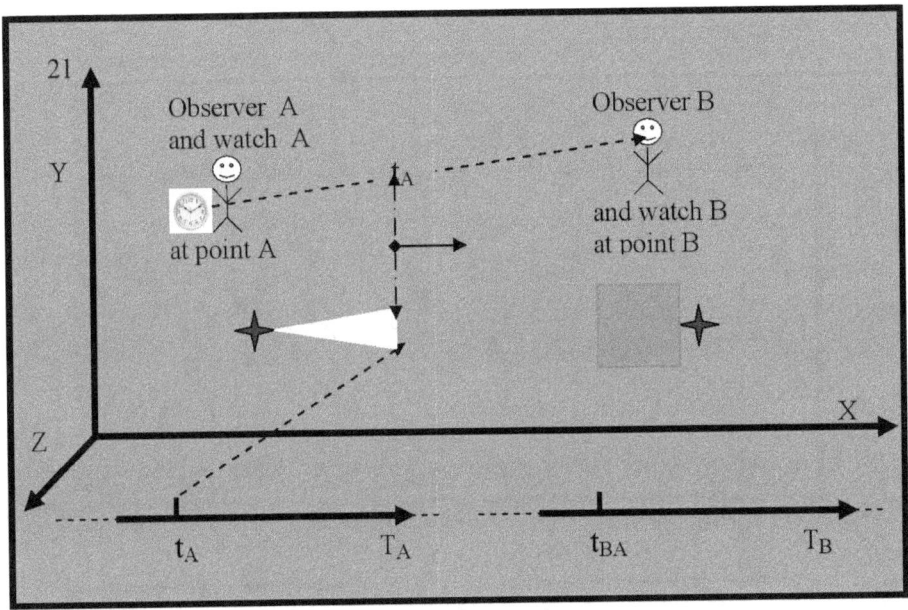

Figuur 21 laat zien dat het lichtbeeld van de klok A beweegt op de gestippelde pijl die de klok A met de waarnemer verbindt B.

Een waarnemer B zal de "lichtstraal vertrek"-gebeurtenis alleen zien wanneer het begin van de lichtstraal bij een waarnemer aankomt B en een wijzerplaat verlicht B.

Het belangrijkste is dat een waarnemer B het samenvallen van de gebeurtenis "tijdstip t_A op de klok A" met de gebeurtenis "tijdstip t_{BA} op de klok B" niet kan zien.

De waarnemer B kan niet zeggen of het t_A gelijk is aan t_{BA} en kan het tijdstip niet bepalen t_{BA}.

Het moment van tijd t_{BA} kan niet bepaald worden door de twee waarnemers. Daarom wordt in de volgende figuren het moment van tijd t_{BA} niet weergegeven op de kloktijdvector B.

In dit stadium van het experiment kunnen de waarnemers de twee klokken niet synchroniseren.

De lichtpuls blijft bewegen in de richting van de waarnemer die zich op punt bevindt B.

Zie afbeelding 22.

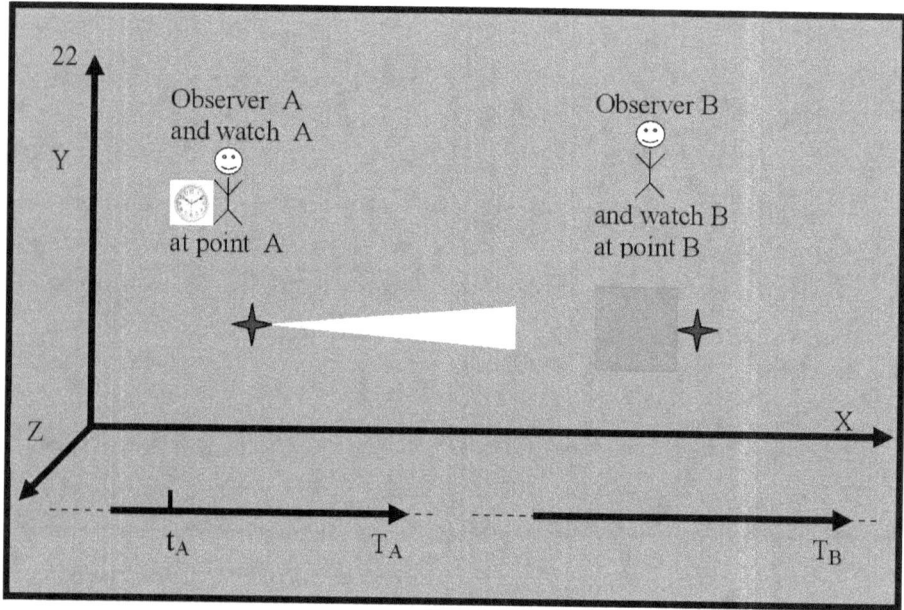

Figuur 22 laat zien dat de oorsprong van de lichtpuls ergens tussen punt A en punt ligt B. Een waarnemer A en een waarnemer B kunnen de beweging van het begin van de lichtpuls niet waarnemen. Maar een waarnemer B en een waarnemer A weten dat de oorsprong van de lichtpuls naar punt B. Ze hebben **informatie** dat de straal beweegt.

Het begin van de lichtstraal komt op een punt aan B en verlicht de wijzerplaat B. De waarnemer op punt B, kijkt naar de verlichte wijzerplaat en ziet dat, volgens zijn klok, de numerieke waarde van het moment van de tijd t_B.

Zie afbeelding 23.

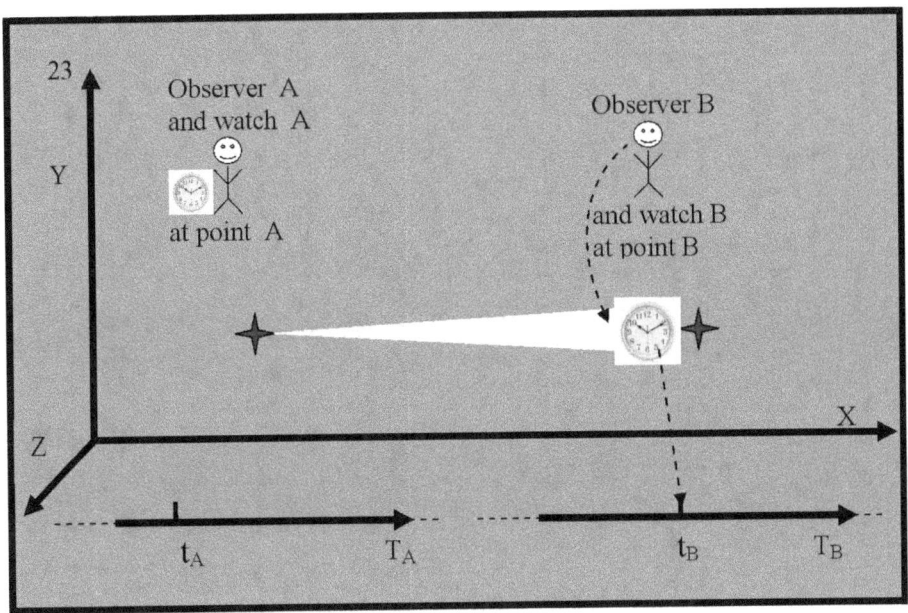

In figuur 23 wordt het moment van tijd t_B weergegeven op de tijdas van een klok B.

Wanneer een waarnemer B, zie de wijzers van een klok B, die het moment van de tijd aangeven t_B, de wijzers van de klok van een waarnemer A, zullen een bepaald moment van tijd aangeven t_{AB}.

Zie figuur 24.

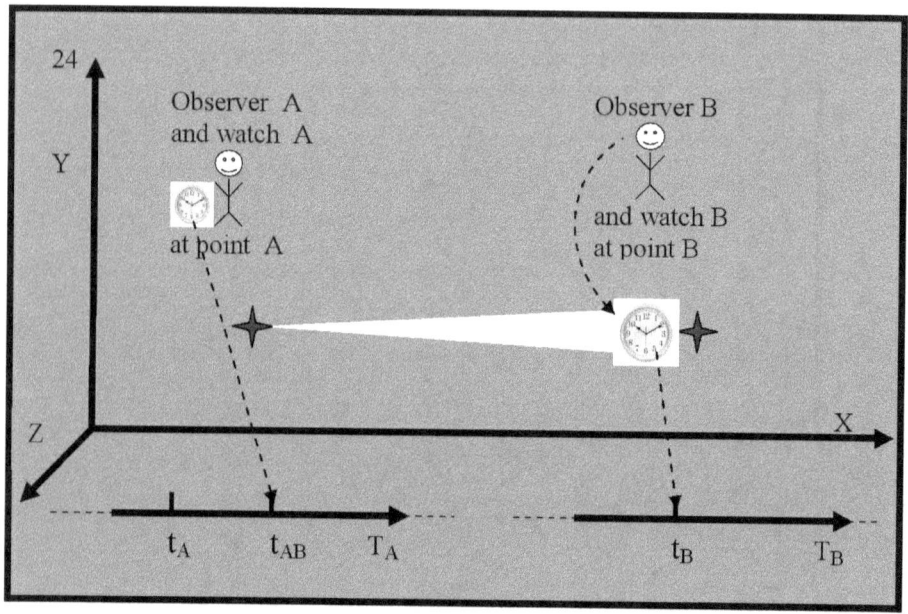

In Afbeelding 24 geeft een gestippelde pijl het tijdstip t_{AB} op de klok aan A.

Als we aannemen dat klok B en horloge A dezelfde tijd meten en weergeven, dan moet het moment van tijd t_B gelijk zijn aan het moment van tijd t_{AB}.

Er rijzen twee vragen.

De eerste vraag is:

Kan een waarnemer B, begrijpen dat, t_B gelijk is aan t_{AB}, en een samenloop zien van de gebeurtenis "op een bepaald moment plaatsvinden t_B" met de gebeurtenis "op een bepaald moment plaatsvinden t_{AB}"?

Het antwoord is nee. Een waarnemer B kan de aflezingen van de wijzers van de klok van een waarnemer niet zien A die een moment in de tijd aangeven t_{AB}.

Zie figuur 25

EINSTEINS EERSTE FOUT

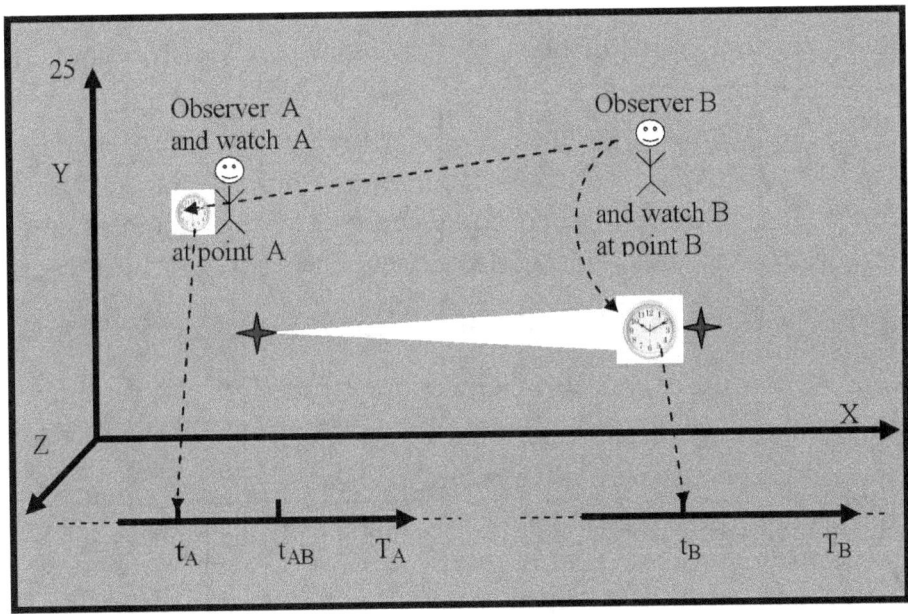

Figuur 25 laat zien dat een waarnemer B de aflezingen van de wijzers van een klok A ziet, die een moment in de tijd aangeven t_A. Dit komt omdat wanneer een waarnemer B naar de klok van een waarnemer kijkt A, hij het lichtbeeld van een klok zal zien A. We hebben al uitgelegd dat het licht is dat wordt gereflecteerd door de wijzerplaat van een horloge A en informatie bevat over de aflezingen van de wijzers van een horloge A. Het lichtbeeld van een klok A beweegt mee met het begin van de lichtpuls. Het begin van de puls en het beeld zullen B samen op een punt aankomen, en dit zal gebeuren op een moment t_B gemeten door een klok B.

Kortom, wanneer de lichtpuls een horloge verlicht B, ziet een waarnemer B op zijn horloge B een moment in de tijd t_B en ziet hij op een horloge A een moment in de tijd t_A. Op dit punt in ons experiment kan de waarnemer B niet bewijzen dat de klokken gesynchroniseerd zijn.

De tweede vraag luidt:

Kan een waarnemer A weten dat het tijdsmoment t_{AB}

gemeten door zijn horloge A gelijk is aan het tijdsmoment t_B gemeten door een klok B?

Het antwoord is nee. Dit komt omdat een waarnemer A naar de klok kijkt B, maar het is daar donker. Het is donker omdat de gereflecteerde lichtstraal een waarnemer nog niet heeft bereikt A. Kijk naar figuur 23. Pas als de lichtstraal terugkeert naar de waarnemer A, A ziet de waarnemer het tijdstip t_B op de klok B. Wanneer een waarnemer A het moment van de tijd t_B op een klok ziet B, zal hij naar de zijne kijken klok, en zal de tijd op de t_B klok vergelijken B met de tijd op zijn eigen klok A. De klok van een waarnemer A zal een tijdsmoment aangeven t'_A dat niet gelijk is aan het tijdsmoment t_B en dat niet gelijk is aan het tijdsmoment t_{AB}. Een waarnemer A kan het samenvallen van de kloktijdgebeurtenis t_B met de kloktijdgebeurtenis B niet t_{AB} zien A. Dit komt omdat licht met een snelheid van driehonderdduizend kilometer per seconde reist en de afstand van punt B naar punt A in een echt tijdsinterval aflegt. Dit echte interval is een vertraging die de klok A telt. Een waarnemer A kan de tijd niet bepalen t_{AB} en kan de twee klokken niet synchroniseren.

In dit stadium van het experiment kunnen de waarnemers A de B twee klokken niet synchroniseren

Het begin van de lichtstraal wordt gereflecteerd door de wijzerplaat van een klok B en begint naar een waarnemer te bewegen A.

Zie figuur 26.

EINSTEINS EERSTE FOUT

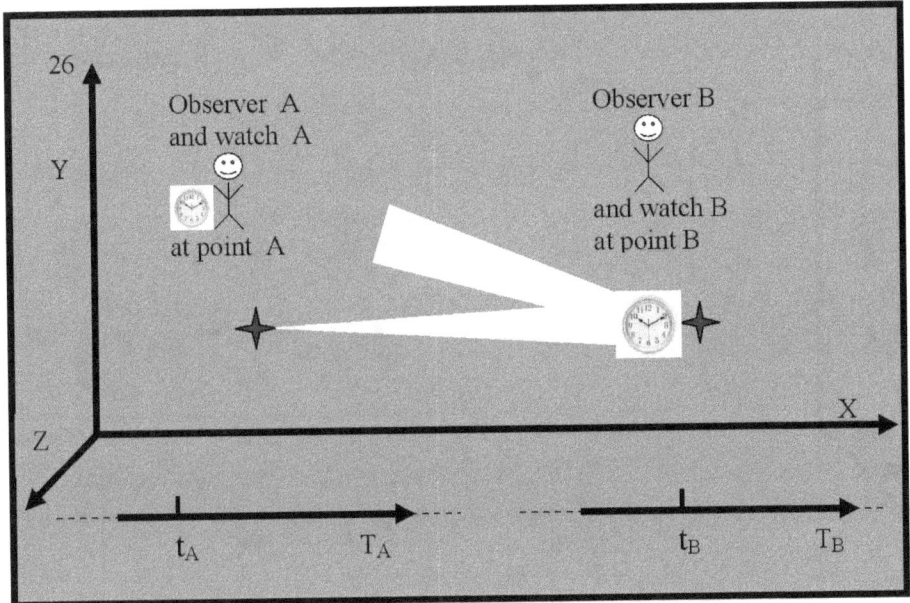

In figuur 26 is te zien dat de tijd A niet wordt weergegeven op de tijdas van een klok t_{AB}, omdat deze niet is gedefinieerd.

Het begin van de lichtstraal bevat informatie over de aflezing van de wijzers van een klok B.

Het begin van de lichtstraal komt aan bij een waarnemer A, Zie figuur 27.

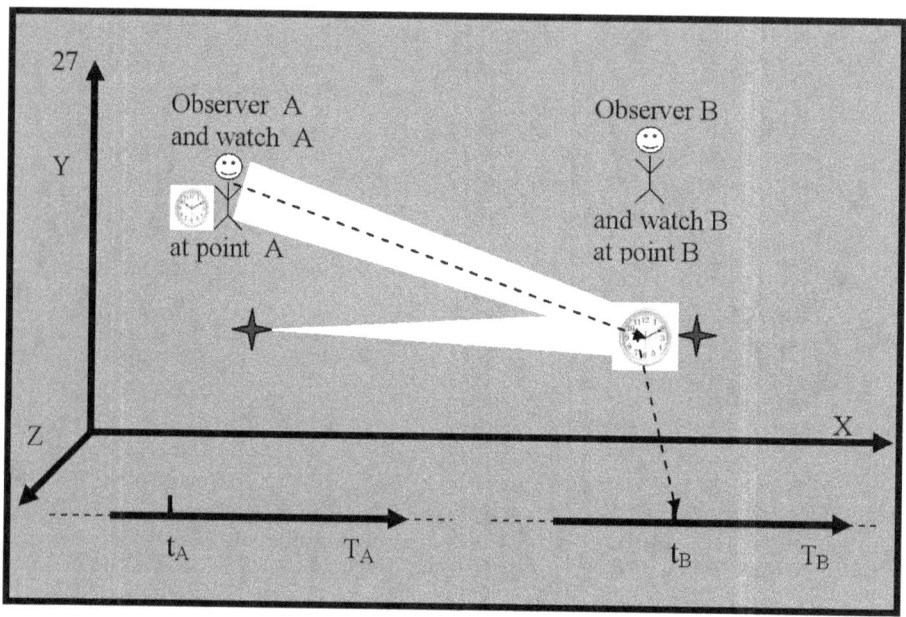

Figuur 27 laat zien dat een waarnemer A het lichtbeeld van een wijzerplaat ziet B, en de aflezingen van de wijzers van een klok B die een moment in de tijd aangeven t_B.

waarnemer A die op zijn horloge kijkt, ziet dat dit op een bepaald moment gebeurt t'_A.

Zie figuur 28.

EINSTEINS EERSTE FOUT

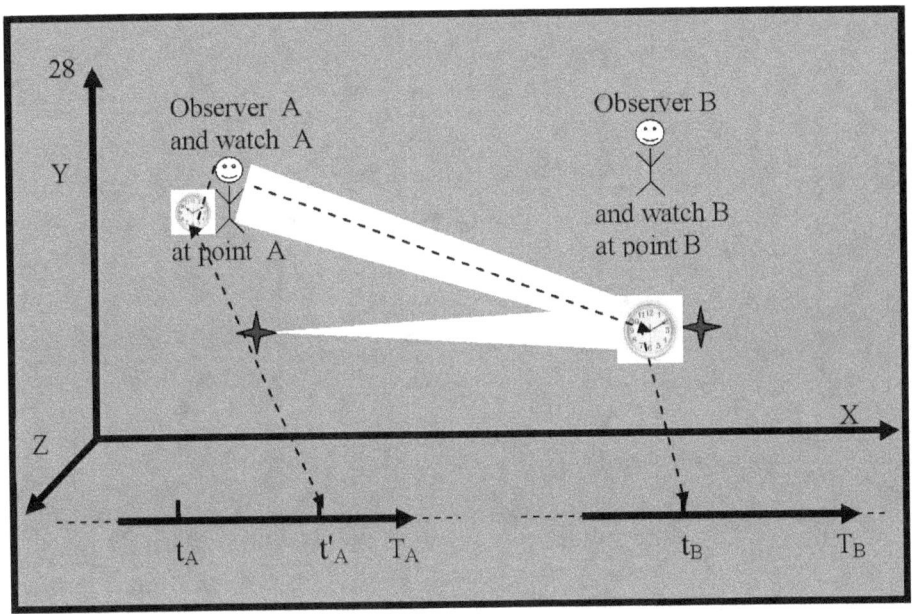

Wanneer een waarnemer A de aflezingen van de wijzers van zijn horloge ziet A die een tijdstip aangeven t'_A, zullen de wijzers van een klok B naar een bepaald tijdstip wijzen t_{BA}.
Zie figuur 29.

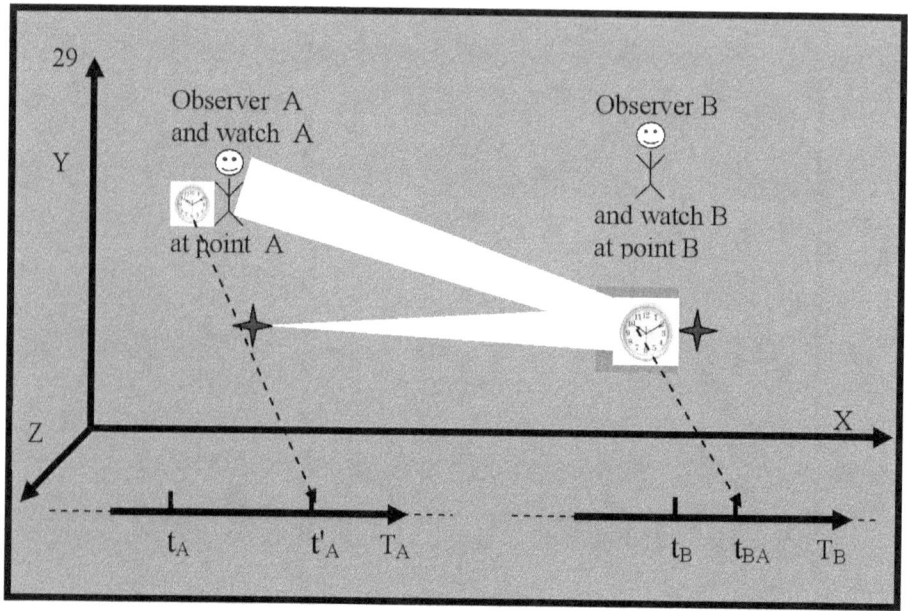

Figuur 29 laat zien wat een waarnemer A volgens zijn klok ziet en wat een waarnemer B volgens zijn klok ziet.

Als we ervan uitgaan dat de klokken synchroon werken, dan moet het tijdmoment t_{BA}, gelijk zijn aan het tijdmoment t'_A.

Er rijzen twee vragen.

De eerste vraag is:

Kan een waarnemer A weten dat het tijdsmoment t'_A gemeten door zijn klok A gelijk is aan het tijdsmoment t_{BA} gemeten door klok B?

Het antwoord is nee.

Dit komt doordat een waarnemer A naar een klok kijkt B, maar daar ziet hij een moment in de tijd t_B, waardoor een waarnemer A de tijd bepaalt t'_A. Het lichtbeeld van de aflezingen van de wijzers van een klok B, die het moment aangeven t_{BA}, staat bij een klok B.

Wanneer het lichtbeeld van de aflezingen van de wijzers

van een klok B, die het moment van tijd aangeven t_{BA}, wordt teruggestuurd naar een waarnemer A, alleen dan A zal de waarnemer het moment van tijd t_{BA} op de klok zien B. Maar wanneer dit gebeurt, A zal de klok een heel andere tijd aangeven. Waarnemer A, kan het **samenvallen van het moment van de gebeurtenis** met het moment t'_A van de gebeurtenis niet zien t_{BA}.

Een waarnemer A kan niet zeggen en bewijzen dat de klokken gesynchroniseerd zijn.

De tweede vraag luidt:

Kan een waarnemer op de een of andere manier B weten dat het moment van tijd t_{BA} gemeten door een klok B gelijk is aan het moment van tijd t'_A gemeten door een klok A?

Het antwoord is nee.

Dit komt omdat een waarnemer B naar de klok kijkt A en de wijzers van de klok A ziet, wat een tijd aangeeft t_{AB} die verschilt van de tijd t'_A. De numerieke waarde van het moment van tijd t_{AB} zal ergens tussen het moment van tijd t_A en het moment van tijd liggen t'_A.

Zie figuur 30.

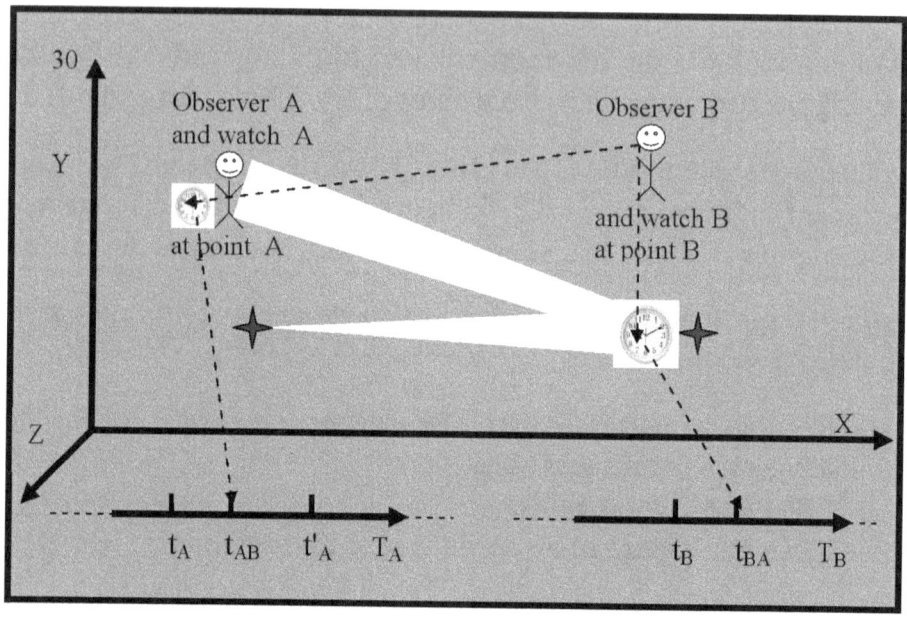

Figuur 30 laat zien wat een waarnemer zou zien B. Op een klok A ziet hij een moment in de tijd t_{AB}, op een klok B ziet hij een moment in de tijd t_{BA}. Het moment in de tijd t_{AB} is anders dan het moment in de tijd t_{BA}.

We hebben het tweede experiment voltooid, dat we in het donker hebben uitgevoerd. Tot in detail analyseerden we de beweging van de lichtstraal en begrepen we de manier waarop de tijdsmomenten op de twee klokken worden geteld. We zullen de resultaten samenvatten.

Zie afbeelding 31.

EINSTEINS EERSTE FOUT

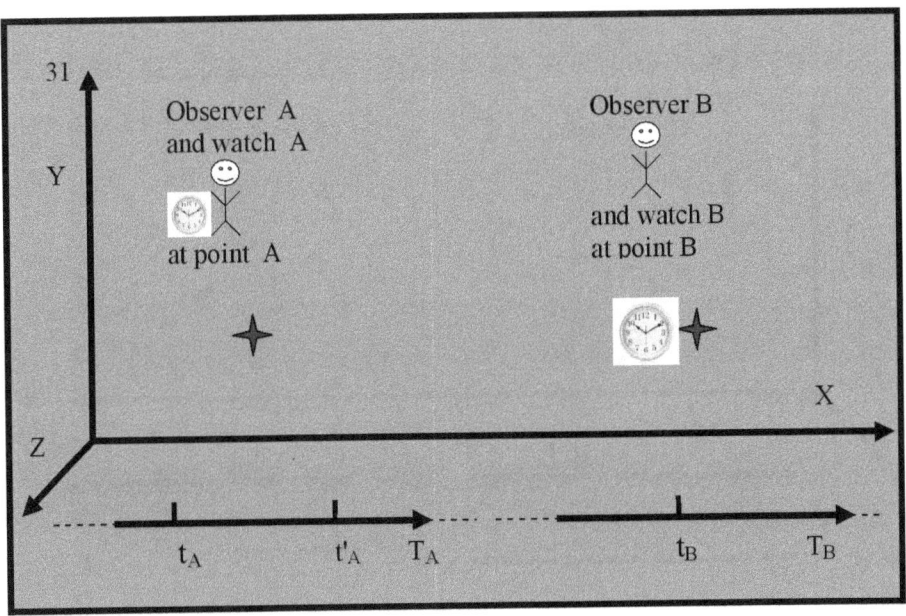

In figuur 31 is weergegeven welke tijdsmomenten een waarnemer zag A, via zijn horloge, en welke tijdsmomenten een waarnemer zag B, via zijn horloge.

Een waarnemer B zag op zijn horloge een moment in de tijd t_B waarop de wijzerplaat van een horloge verlicht was B.

waarnemer A zag op zijn horloge een moment van tijd t_A - het verschijnen van de lichtstraal, een moment van tijd - de t'_A terugkeer van de lichtstraal, en het moment van tijd t_B, van een horloge B.

We zullen dit feit in de volgende figuur laten zien en we zullen "licht" analyseren.

Zie afbeelding 32.

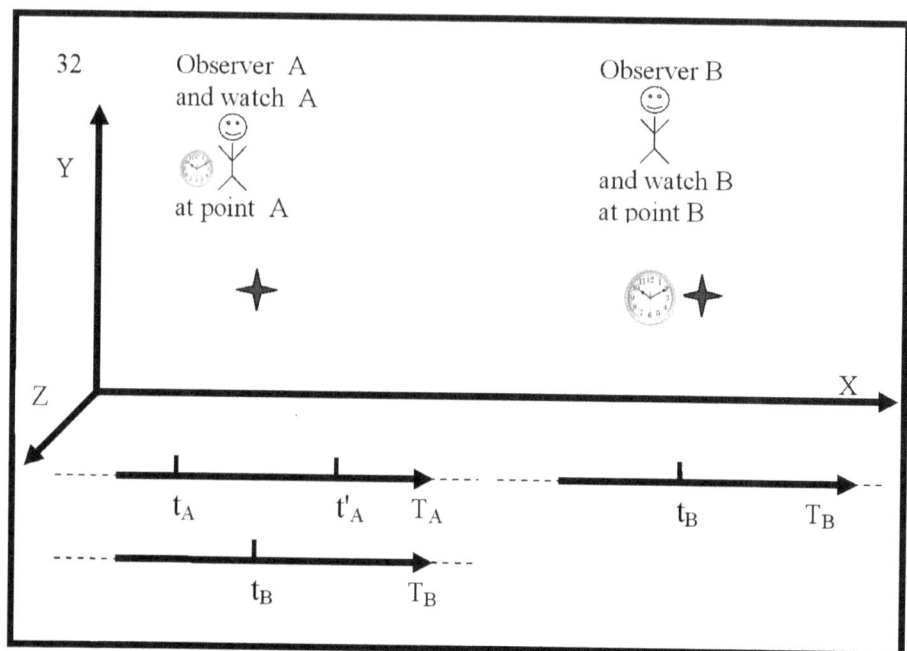

In figuur 32 is te zien dat hieronder een waarnemer een tijdvector B wordt getoond met een tijdmoment t_B gezien door een waarnemer B.

Onder de waarnemer A worden twee tijdvectoren getoond, en de tijdmomenten die de waarnemer heeft gezien A. De tweede vector is die van een waarnemer B. Op deze manier kunnen de twee vectoren en de momenten erop worden vergeleken.

Een tijdmoment t_B dat op een vector staat T_B, kan niet op de tijdvector worden geplaatst t_A. Dit komt omdat de twee vectoren afkomstig zijn van twee verschillende klokken en onafhankelijk zijn. Dit is erg belangrijk en moet worden onthouden. In natuurkundeboeken tonen ze één vector van tijd, en op die vector tonen ze de tijd van veel verschillende klokken. Dat is een vergissing. Elke individuele klok moet zijn eigen tijdvector hebben. Op deze manier zijn de tijdanalyses waarheidsgetrouw en duidelijk.

Als klokken synchroon werken, moeten ze dezelfde

tijdstippen aangeven.
Zie figuur 33.

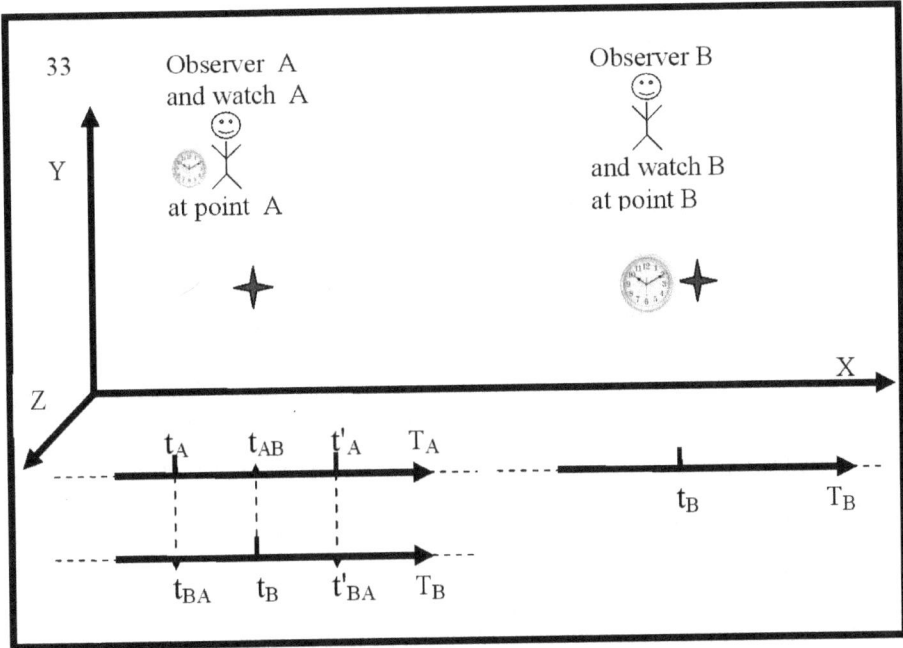

Figuur 33 laat dat zien tussen de twee tijdvectoren T_A en T_B gestippelde pijlen worden ingevoegd. De pijlen geven de relatie weer tussen de verschillende tijdsmomenten op de twee klokken.

Als een klok A een moment in de tijd aangeeft t_A, dan geeft een klok B een moment in de tijd aan t_{BA}.

Kijk naar figuur 33.

De numerieke waarde van een moment in de tijd t_A moet gelijk zijn aan de numerieke waarde van een moment in de tijd t_{BA}. Deze gelijkheid is **de eerste noodzakelijke voorwaarde** om te bewijzen dat de klokken gesynchroniseerd zijn. Dit betekent dat een waarnemer A het samenvallen van deze twee gebeurtenissen moet hebben gezien. Samenvallen van het moment van de gebeurtenis t_A met het moment van de gebeurtenis t_{BA}. In de analyse die we hebben gedaan, hebben we aangetoond en bewezen dat een waarnemer A het samenvallen van deze twee gebeurtenissen niet kan zien en niet kan bewijzen. Een waarnemer A kan niet voldoen aan **de eerste** noodzakelijke voorwaarde en kan niet bewijzen dat de klokken gesynchroniseerd zijn.

Als een klok B een moment in de tijd aangeeft t_B, dan geeft een klok A een moment in de tijd aan t_{AB}.
Kijk naar figuur 33.

De numerieke waarde van een moment in de tijd t_B moet gelijk zijn aan de numerieke waarde van een moment in de tijd t_{AB}. Deze gelijkheid is **de tweede noodzakelijke voorwaarde** om te bewijzen dat de klokken gesynchroniseerd zijn. Dit betekent dat een waarnemer B het samenvallen van het gebeurtenismoment t_B met het gebeurtenismoment moet zien t_{AB}. In de analyse die we hebben gedaan, hebben we aangetoond en bewezen dat een waarnemer B het samenvallen van deze twee gebeurtenissen niet kan zien en niet kan bewijzen. Een waarnemer B kan niet voldoen aan de **tweede** noodzakelijke voorwaarde en kan niet bewijzen dat de klokken gesynchroniseerd zijn.

Als een horloge A een moment in de tijd laat zien t'_A, dan toont een horloge B een moment in de tijd t'_{BA}.
Kijk naar figuur 33.

De numerieke waarde van een moment in de tijd t'_A moet gelijk zijn aan de numerieke waarde van een moment in de tijd t'_{BA}. Deze gelijkheid is **de derde noodzakelijke voorwaarde** om te bewijzen dat de klokken gesynchroniseerd zijn. Dit betekent dat een waarnemer A het samenvallen van deze twee gebeurtenissen moet hebben gezien. Samenvallen van de moment-in-time- t'_A gebeurtenis met de moment-in-time-gebeurtenis t'_{BA}. In de analyse die we hebben gedaan, hebben we aangetoond en bewezen dat een waarnemer A het samenvallen van deze twee gebeurtenissen niet kan zien en niet kan bewijzen. Een waarnemer A kan niet aan **de derde** noodzakelijke voorwaarde voldoen en kan niet bewijzen dat de klokken gesynchroniseerd zijn.

Onze analyse toonde aan dat een waarnemer A en een waarnemer B niet aan de drie voorwaarden kunnen voldoen en hun klokken niet kunnen synchroniseren.

Nu zullen sommigen van de lezers misschien tegenwerpen dat we drie nieuwe voorwaarden voor synchrone werking hebben geïntroduceerd, terwijl volgens Albert Einstein om de klokken te synchroniseren slechts aan één voorwaarde moet worden voldaan, namelijk:

$$t_B - t_A = t'_A - t'_B$$

Jazeker.

Volgens de methode van Albert Einstein, als de gelijkheid waar is, dan t'_B is, in het midden van het interval tussen t_A en t'_A, vandaar dat de klokken gesynchroniseerd zijn.

Nu zullen we door middel van een paar figuren twee zeer belangrijke dingen laten zien:

Eerst.

We zullen laten zien dat het tijdmoment t'_B in het midden van het interval tussen t_A en kan t'_B **liggen**, en toch zullen de klokken **niet** gesynchroniseerd zijn.

Seconde.

We zullen laten zien dat het tijdmoment t'_B niet **in** het midden van het interval tussen t_A en t'_A de klokken nog **steeds** gesynchroniseerd kan zijn.

Als we deze twee dingen zien, weten we dat de methode van Albert Einstein onjuist is.

Eerst laten we synchroon lopende klokken zien.

Zie afbeelding 34.

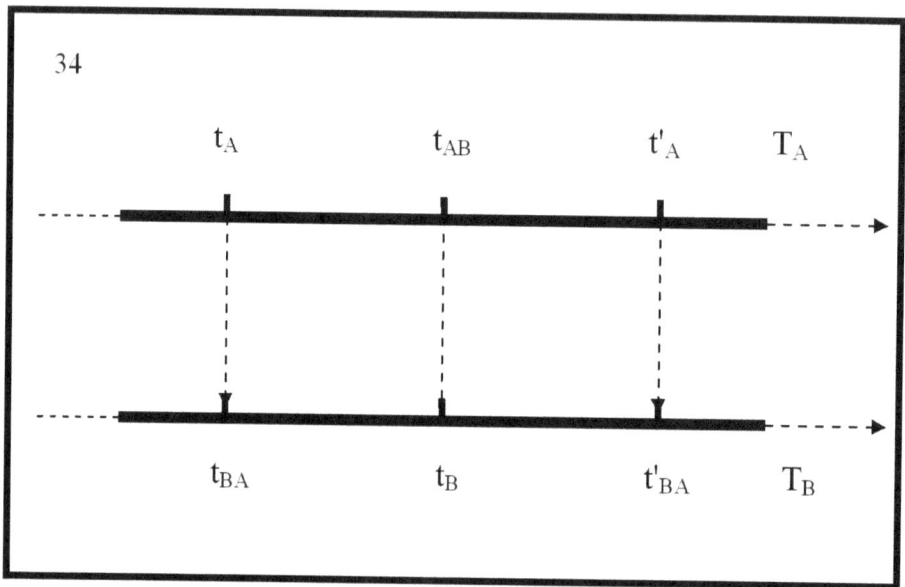

In figuur 34 worden de kloktijdvector A a die is T_A, en de kloktijdvector a B die is , getoond T_B.

De tijdsmomenten van klok A en klok B vallen samen. Time t_B instant , is gelijk aan time instant t_{AB}, en t_B ligt in het midden van het interval tussen t_A en t'_A. Aan alle voorwaarden voor synchroon lopen van de klokken is voldaan. De klokken lopen synchroon.

In de volgende figuur zijn de tijdvectoren en tijdmomenten van de twee klokken weer weergegeven.

Zie afbeelding 35.

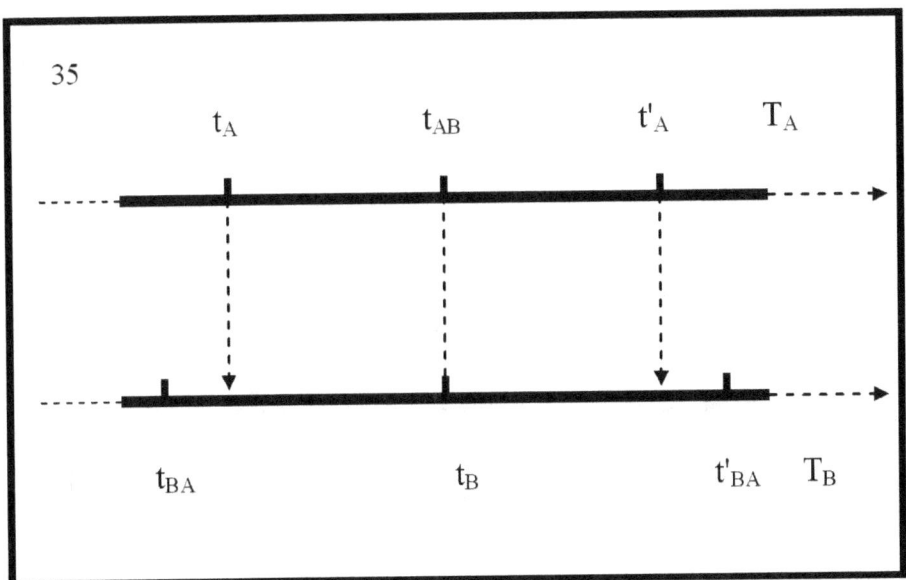

35

In figuur 35 is te zien dat het tijdstip t_A niet samenvalt met het tijdstip t_{BA}, en het tijdstip t'_A niet samenvalt met het tijdstip t'_{BA}. Alleen het tijdmoment t_B valt samen met het tijdmoment t_{AB} en ligt in het midden van het interval tussen t_A en t'_A. Volgens Albert Einstein t_B lopen de klokken synchroon als hij in het midden staat. Maar we zien dat ze niet gesynchroniseerd zijn. Bij het uitvoeren van het experiment van Einstein is het mogelijk om dit resultaat te verkrijgen waarin de onderzoeker niet kan begrijpen dat er een fout is.

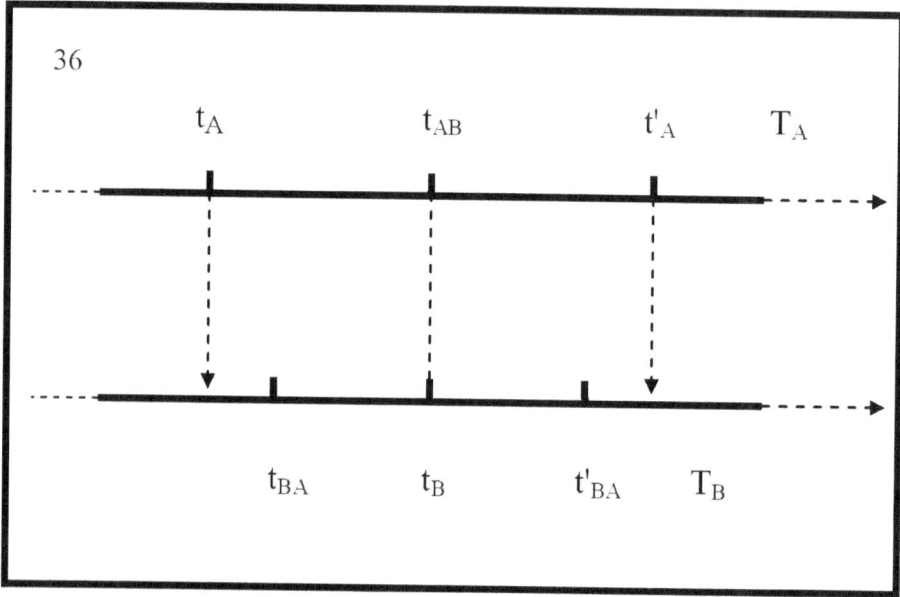

In figuur 36 zien we dat het moment t_A niet samenvalt met het moment t_{BA}, en het moment t'_A niet samenvalt met het moment t'_{BA}. Het moment t_B valt samen met het moment t_{AB}, en bevindt zich in het midden van het interval tussen t_A en t'_A, maar de klokken zijn niet gesynchroniseerd.

Zie figuur 37.

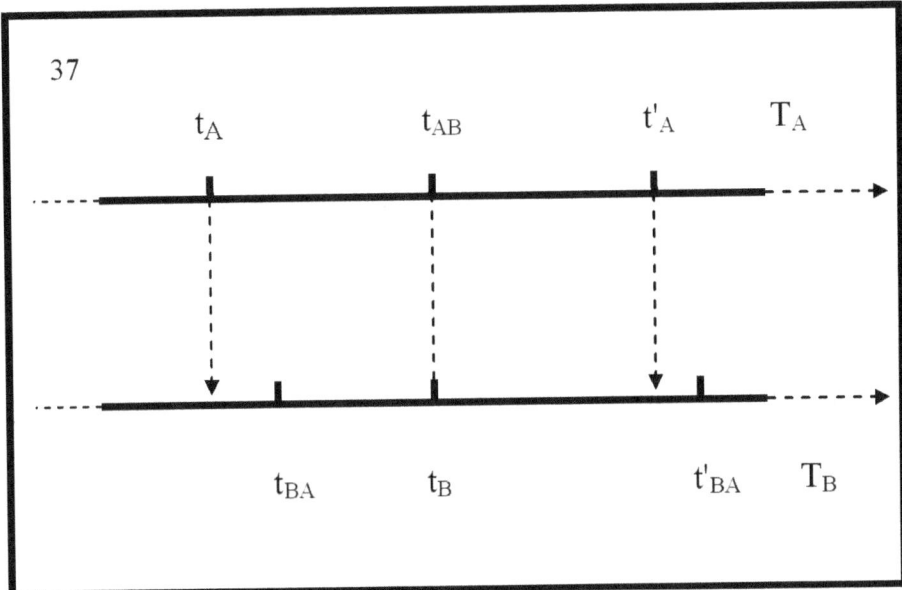

In figuur 37 zien we dat het moment t_A niet samenvalt met het moment t_{BA}, en het moment t'_A niet samenvalt met het moment t'_{BA}. Het moment t_B valt samen met het moment t_{AB}, en bevindt zich in het midden van het interval tussen t_A en t'_A, maar de klokken zijn niet gesynchroniseerd.

Laten we nu figuur 38 bekijken:

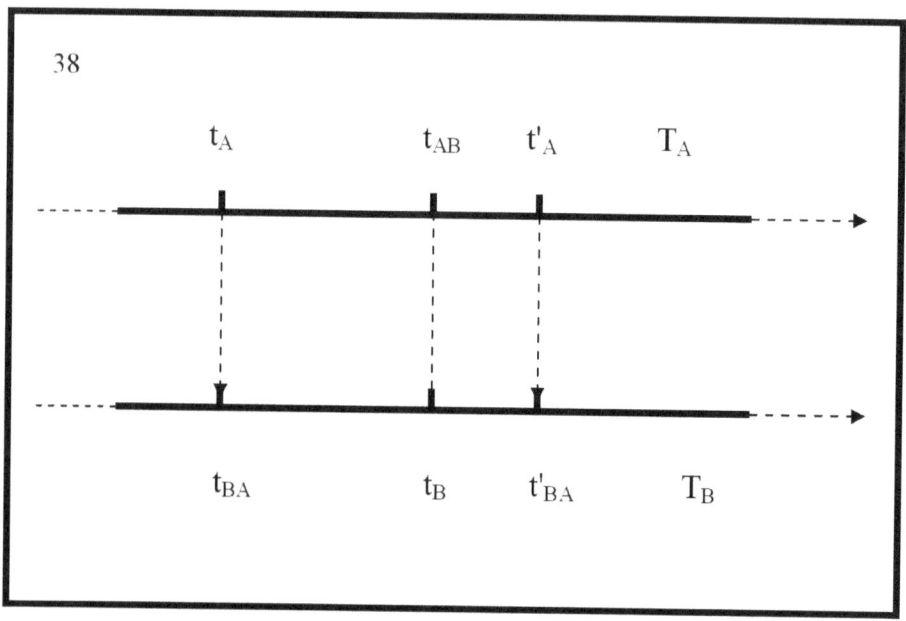

Figuur 38 laat zien dat het moment t_A samenvalt met het moment dat aan t_{BA} de eerste voorwaarde is voldaan, het moment t_B samenvalt met het moment t_{AB}, is de tweede voorwaarde vervuld, het moment t'_A valt samen met het moment t'_{BA}, is aan de derde voorwaarde voldaan.

Alle drie de tijdsmomenten op een klok A vallen samen met de drie tijdsmomenten op een klok B, wat betekent dat de **klokken gesynchroniseerd zijn**. Maar we zien dat het moment t_B, dat samenvalt met het moment t_{AB}, **niet** in het midden van het interval tussen t_A en ligt t'_A. Volgens Albert Einstein, als het moment t_B, niet in het midden van het interval tussen t_A en t'_A ligt, zijn de klokken niet gesynchroniseerd. Het roept de vraag op: wie heeft er gelijk? Wij of Albert Einstein? Oordeel zelf.

Sommige lezers die lezen wat ik heb geschreven, zullen misschien tegenwerpen dat dit zeer gedetailleerde analyses en onnodig gecompliceerde redeneringen zijn.

Ik ben het niet eens met een dergelijk bezwaar.

Ik ben het daar niet mee eens, omdat we de principes en het

fundament van de Tory of Relativity analyseren.

De relativiteitstheorie, in zijn voltooide vorm, houdt rekening met alle effecten die verband houden met fysieke tijd. In de relativiteitstheorie is tijd een variabele grootheid. De snelheid van de tijd is verschillend en hangt af van de zwaartekracht en de snelheid waarmee verschillende fysieke lichamen ten opzichte van elkaar bewegen.

In de relativiteitstheorie is er bijvoorbeeld het fenomeen van het zwarte gat. In een zwart gat is de tijdsnelheid nul en wordt elke seconde een oneindig lang tijdsinterval.

Daarom moeten de synchronisatiemethoden zeer nauwkeurig zijn bij het synchroniseren van klokken die de tijd in de relativiteitstheorie zullen meten. Alle acties die worden uitgevoerd en gericht zijn op synchronisatie moeten zorgvuldig worden geanalyseerd. Onduidelijkheden en onjuistheden zijn niet toegestaan.

4. OPLOSSING VOOR HET PROBLEEM

Er zijn verschillende criteria mogelijk om de synchrone werking van ten minste twee klokken aan te tonen.

Het is belangrijk om te weten en altijd te onthouden dat:

eerst:

Het aantal mogelijke criteria voor het bewijzen van synchrone bewegingen is oneindig groot.

Zie "Tijd. Ruimte. Beweging. Rust uit. Relativiteit. Absoluut" LAP LAMBERT Academic Publishing (2018-08-30)

tweede:

De definitie van specifieke criteria wordt gedaan door de onderzoeker. De keuze voor een specifieke methode hangt af van de op te lossen wetenschappelijke en onderzoekstaken. De keuze van de manier (methode) is altijd een conventie, dat is een afspraak tussen tenminste twee onderzoekers.

derde:

Het synchroniciteitscriterium is van toepassing op de bewegingstoestand van ten minste twee dingen. Het synchroniciteitscriterium kan niet worden toegepast op de rusttoestand.

vierde:

Het criterium voor *synchroon lopen* van ten minste twee klokken is iets anders dan het criterium voor *gelijktijdige en nauwkeurige tijdmeting* door ten minste twee klokken.

We zullen de klassieke criteria voor het controleren van de synchrone werking van ten minste twee klokken overwegen en analyseren. Met behulp van figuren laten we zien hoe bewegingen worden gesynchroniseerd.

Zie afb . 3 9.

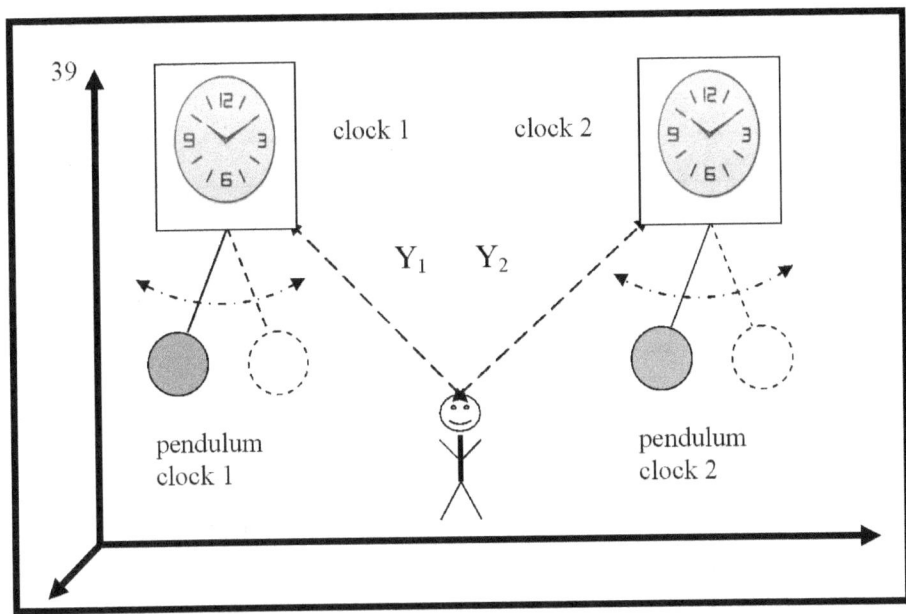

In figuur 3 9 zijn twee mechanische cyclische klokken zichtbaar. Mechanische cyclische klokken zijn klokken met een slinger.

Zie "Tijd. Ruimte. Beweging. Rust uit. Relativiteit. Absoluut"
LAP LAMBERT Academic Publishing (2018-08-30)

wordt een waarnemer gezien die op gelijke afstand van de klokken staat. De afstand Y_1 is gelijk aan de afstand Y_2 .

De waarnemer wordt op een nauwkeurig gedefinieerde manier gepositioneerd ten opzichte van de klokken. Door de manier waarop de waarnemer is gepositioneerd, kan de waarnemer klokslinger één en klokslinger twee zien.

Clock Pendulum One en Clock Pendulum Two staan uiterst links.

De stippellijn toont de meest rechtse positie waarin de slinger zal slingeren op klok één en de uiterst rechtse positie waarin de slinger zal zwaaien op klok twee.

In de uiterst rechtse stand en in de uiterst linkse stand staan klokslinger één en klokslinger twee stil.

In het algemeen kunnen de klokken niet synchroon lopen, en dan bewegen klokslinger één en klokslinger twee verspringend ten opzichte van de waarnemer.

Zie afbeelding 40.

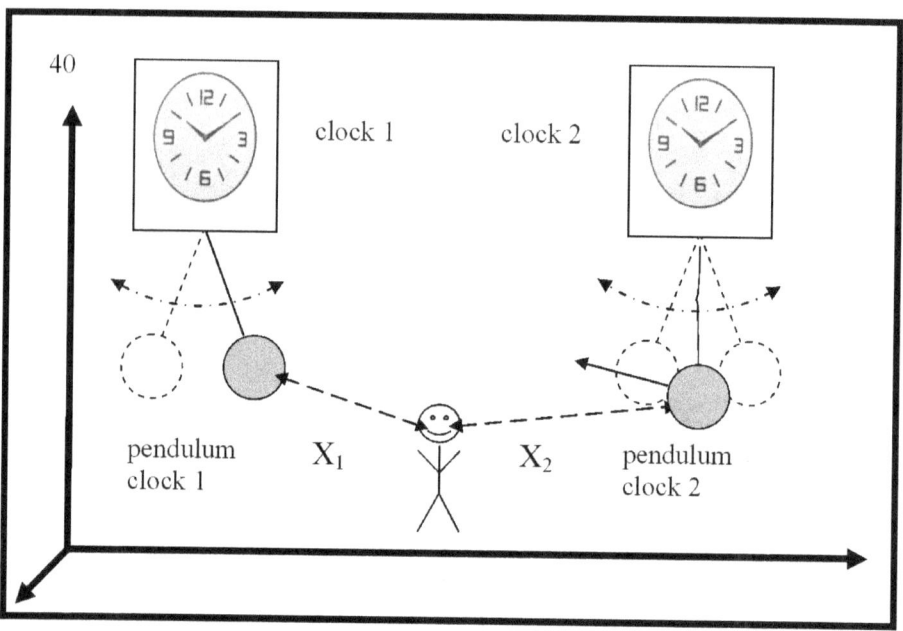

Figuur 40 laat zien dat klokslinger één in rust is ten opzichte van de waarnemer. Maar in de figuur is te zien dat de slinger van klok twee blijft bewegen en de waarnemer nadert. De afstand X_1 is kleiner dan de afstand X_2.

In dit geval moet de waarnemer de nodige acties ondernemen om de gebeurtenis "rusttoestand van slinger één" te laten samenvallen met de gebeurtenis "rusttoestand van slinger twee". Dit kan op verschillende manieren. We zullen niet de procedures beschrijven die moeten worden uitgevoerd om overeenkomende gebeurtenissen te verkrijgen. We zullen een methode analyseren om de synchrone werking van de twee klokken te controleren.

We zullen een experimenteel geval beschouwen waarbij

EINSTEINS EERSTE FOUT

wordt aangenomen dat de klokken gesynchroniseerd zijn en geverifieerd moeten worden.

Zie afbeelding 41

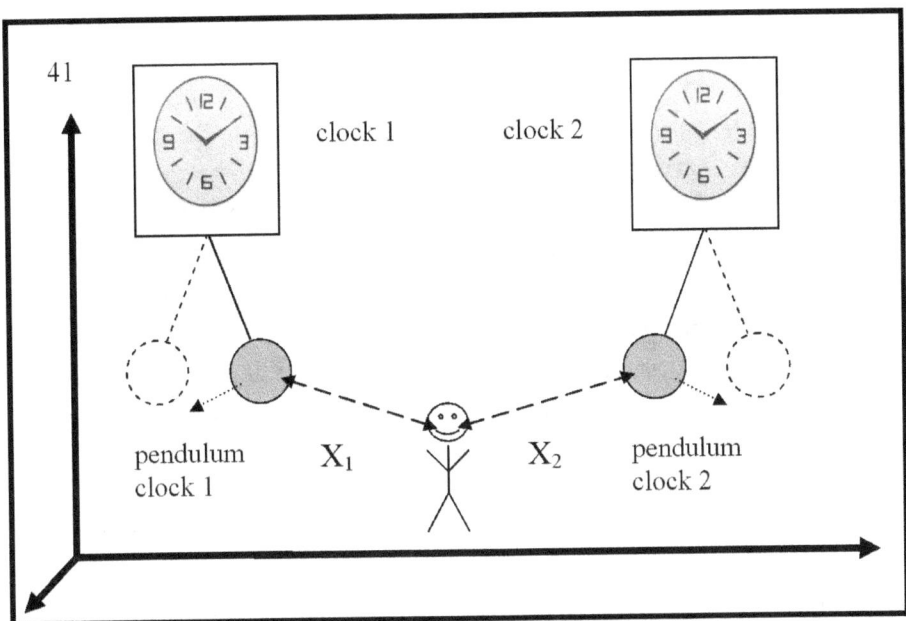

Figuur 41 toont klokslinger één en klokslinger twee die in tegengestelde richting bewegen. Als de slinger van klok één naar links beweegt, beweegt de slinger van klok twee naar rechts. De waarnemer neemt de beweging van de slingers van de twee klokken waar. De waarnemer moet vaststellen dat de beweging van de twee slingers synchroon is. De waarnemer moet criteria selecteren voor synchrone beweging van slinger één en slinger twee. Dit gebeurt op de volgende manier.

De waarnemer merkt op dat wanneer klokslinger één het dichtst bij de waarnemer is, klokslinger één, in rust is ten opzichte van de waarnemer en dan in de tegenovergestelde richting begint te bewegen.

Wanneer klokslinger twee het dichtst bij de waarnemer is, is klokslinger twee in rust ten opzichte van de waarnemer en begint dan in de tegenovergestelde richting te bewegen. De staat van de kamers in de ene slaapkamer en de staat van de kamers in de slaapkamer twee zijn twee verschillende gebeurtenissen. De waarnemer heeft de mogelijkheid om het samenvallen van de twee gebeurtenissen waar te nemen en te verifiëren.

Wanneer de twee gebeurtenissen samenvallen, voegt de waarnemer de twee gebeurtenissen samen tot één nieuwe gebeurtenis die "toeval van een *rustslingergebeurtenis één* met een *rustslingergebeurtenis twee* " wordt genoemd. De gebeurtenis "samenvallen van een gebeurtenis in *rust slinger één* met een gebeurtenis in *rust slinger twee* " is een noodzakelijke voorwaarde voor de waarnemer om te bewijzen dat de beweging van slinger één synchroon is met de beweging van slinger twee. Maar dat is niet genoeg. Een voldoende voorwaarde is wanneer de gebeurtenis "samenvallen van de gebeurtenis van *rustslinger één* met de gebeurtenis van *rustslinger twee* " nog een keer voorkomt. Dit moet worden gedaan bij de volgende zwaaicyclus van slinger één en slinger twee.

De waarnemer weet dat de beweging van de slinger van klok één en klok twee nog niet gesynchroniseerd is, daarom blijft de waarnemer de beweging van slinger één en slinger twee nauwlettend volgen. De waarnemer verwacht dat in de volgende cyclus, van beweging van slinger één en slinger twee, voor de tweede keer opnieuw de gebeurtenis "samenvallen van *rustslinger één* met *rustslinger twee* " zal plaatsvinden

rustslinger één met *rustslinger twee* " nog een keer voorkomt (voor de tweede keer op dezelfde manier) dan kan de waarnemer concluderen dat de beweging van slinger één, is synchroon met de beweging van slinger twee.

Het is belangrijk om te weten en te onthouden dat de waarnemer de gebeurtenis "samenval van *rustslinger één* met *rustslinger twee* " kan waarnemen als en alleen omdat (en wanneer) hij zich op **gelijke afstand** van de twee klokken bevindt. Als aan deze voorwaarde niet wordt voldaan, kan de wedstrijd niet worden waargenomen.

De getoonde criteria voor synchrone bewegingen zijn elementair. Aanzienlijk complexere criteria zijn mogelijk. De keuze is aan de onderzoeker.

We hebben in groot detail een methode beschreven waarmee het mogelijk is om synchrone bewegingen en synchrone werking van twee klokken te bepalen.

In de gespecificeerde criteria die we gebruikten, wordt het begrip tijd nergens gebruikt. Dit is heel bewust gedaan. Synchrone bewegingen (door de ruimte bewegen) hebben het idee van fysieke tijd niet nodig om bewezen of weerlegd te worden.

Het fenomeen tijd heeft bewezen synchrone bewegingen nodig. Wanneer synchrone bewegingen worden gedemonstreerd, is het mogelijk om het fenomeen fysieke tijd te analyseren.

5. ANALYSE
02.02.2022.

Dit gesprek vond plaats op twee februari tweeduizend tweeëntwintig. Het is leuk.

In 1905 publiceerde Einstein het artikel " Zur elektrodynamiek verhuizer Körper ", Annalen _ der Fysik , 1905 17, 891-921.
In paragraaf twee van het artikel definieert Einstein twee principes van de speciale relativiteitstheorie, als volgt:

Eerste principe.

De wetten volgens welke de toestanden van fysieke systemen veranderen, hangen niet af van naar welk van de twee systemen die eenparig rechtlijnig ten opzichte van elkaar bewegen, naar deze veranderingen wordt verwezen.

Tweede principe.

Elke lichtstraal beweegt in een rustcoördinatenstelsel met een bepaalde snelheid V , ongeacht of deze straal wordt uitgezonden vanuit een rust of een bewegend lichaam. Bovendien moet $velocity = \dfrac{beam..path}{time..interval}$ **onder "tijdsinterval" worden verstaan in de zin van de definitie in het eerste lid ".**

Opmerking: ($velocity = \dfrac{beam..path}{time..interval}$) = (snelheid = straalpad / tijdsinterval)

Maar het spijt me te moeten opmerken dat Einstein in

paragraaf één geen definitie geeft van " **tijdsinterval** ". Erger nog, in paragraaf één gebruikt Einstein niet één keer de term " **tijdsinterval** ". En toch stond Einstein erop dat **een tijdsinterval** begrepen moest worden in de zin van alinea één.
Wat betekent de zin:

"**... wordt verstaan in de zin van de definitie in het eerste lid**".

Dit kan geen definitie zijn. Deze manier van analyseren is niet correct. Dit leidt tot misverstanden en een reeks fouten. Dit betekent dat wanneer verschillende onderzoekers paragraaf één lezen, ze verschillende ideeën krijgen over een **tijdsinterval** . Als ze andere ideeën krijgen, zullen ze anders denken over **het tijdsinterval** . Dat klopt, dat zou niet moeten gebeuren. Mensen zijn verschillend en nemen mat informatie anders waar. Dit is heel normaal en dat zal het altijd blijven. Dit is de reden waarom elke onderzoeker zo duidelijk, nauwkeurig en zo kort mogelijk definities moet geven.
Vervolgens leest de lezer de definitie en ontstaat er in zijn geest een duidelijk idee van het fenomeen dat wordt gedefinieerd . Wanneer de representaties van twee onderzoekers duidelijk zijn, kunnen deze twee representaties identiek zijn. Dit is het doel van elke afzonderlijke definitie die in de wetenschap is gemaakt.
Einstein heeft dit doel niet bereikt. Ik heb het gevoel dat hij zichzelf om de een of andere reden niet zo'n taak heeft gesteld, en alsof hij opzettelijk geen definitie van het concept "tijdsinterval" heeft gegeven. Sommige lezers zullen misschien beweren dat dit niet zo belangrijk is, en dat het niet uitmaakt voor de speciale relativiteitstheorie. Ik zal zo antwoorden: ik ben het er absoluut niet mee eens. **Het tijdsinterval** is een fundamenteel en belangrijk concept in de speciale relativiteitstheorie, misschien wel het belangrijkste van de twee principes. **Het tijdsinterval** speelt een sleutelrol bij het ontstaan van het wiskundige apparaat van de speciale relativiteitstheorie. De wiskundige uitdrukkingen zijn elementair en het is gemakkelijk in te zien dat wanneer de relativiteitstheorie wordt gecreëerd, het " **tijdsinterval** " **fysieke**

tijd wordt, door middel van de Lorentz-formule. Einstein was de eerste die een definitie van het concept van fysieke tijd voorstelde. Naar mijn mening is dit zijn belangrijkste bijdrage aan de wetenschap. Fysieke tijd is een fundamenteel (fundamenteel, belangrijk) concept in de speciale relativiteitstheorie, in de algemene relativiteitstheorie en in de natuurkunde. Niemand anders vóór Einstein had de hypothese dat het fenomeen FYSIEKE TIJD bestond.

Einstein formuleerde deze hypothese in 1910 in het artikel " Le principe de relativite ses Consequences dans physique moderne ". In dit artikel gebruikte Einstein tijdsintervallen en creëerde daarmee de hypothese van FYSISCHE TIJD.

Daarom moet bij het definiëren van de term "tijdsinterval" de definitie volkomen duidelijk, volkomen nauwkeurig, volkomen nauwkeurig zijn. Wanneer duidelijkheid, precisie en precisie ontbreken, betekent dit dat verborgen hypothesen en gedetailleerde axiomatische waarheden of halve definities aanwezig kunnen zijn. Dat is wanneer de grootste fouten en drogredenen in de wetenschap verschijnen.

In de opgegeven formule $t_B - t_A = t'_A - t'_B$ wordt het tijdsinterval gedefinieerd, alleen en alleen voor een klok A. In de gegeven formule is er geen kloktijdinterval B. Het tijdsinterval voor clock A, wordt in verborgen vorm gebruikt, en voor clock B. Dit is precies wat een verborgen hypothese wordt genoemd. In het eerste deel van het artikel probeer ik aan te tonen wat de gevolgen zijn van deze verborgen hypothese. Volgens Einstein zijn de klokken gesynchroniseerd, maar uit de analyse die we hebben gedaan, is het heel duidelijk dat de klokken mogelijk niet gesynchroniseerd zijn. Dit is een klassiek voorbeeld van hoe één onnauwkeurigheid leidt tot onzekerheid in de hele hypothese. Deze onbepaaldheid verandert in een onjuistheid en heeft ernstige gevolgen voor de speciale relativiteitstheorie, de algemene relativiteitstheorie en de wetenschap van de natuurkunde.

Veel verschillende onderzoekers hebben de speciale relativiteitstheorie geanalyseerd en hun persoonlijke houding ten opzichte van de hypothese van Einstein getoond. Een deel zijn supporters, een ander deel zijn tegenstanders. Beiden zijn het erover eens dat de twee principes de belangrijkste zijn en de basis vormen van de speciale relativiteitstheorie. Maar beiden maken heel vaak dezelfde fout, namelijk dat ze niet het hele tweede principe citeren. Ze merken niet dat de laatste zin van het principe deel uitmaakt van het principe zelf en een **tijdsinterval vertegenwoordigt**. Als ze hem citeren, letten ze niet op wat er is gezegd en analyseren ze het niet.

Nogmaals het tweede principe:

Elke lichtstraal beweegt in een rustcoördinatenstelsel met een bepaalde snelheid V , **ongeacht of deze straal wordt uitgezonden vanuit een rust of een bewegend lichaam.** Bovendien $velocity = \dfrac{beam..path}{time..interval}$ moet "tijdsinterval" worden opgevat in de zin van de definitie van het eerste lid ".

In de laatste zin van het tweede principe (de rode) gebruikte Einstein eerst de term " **tijdsinterval** ", en onmiddellijk daarna beweerde hij dat " **tijdsinterval** " gedefinieerd was in paragraaf één. Ik heb paragraaf één zeer zorgvuldig en herhaaldelijk gelezen. Ik wilde een definitie vinden van "tijdsinterval". Helaas heb ik zo'n definitie niet gevonden. Als een lezer slaagt, geef dan een seintje. Ik zal dankbaar zijn.

Ik kan een definitie die op deze manier wordt voorgesteld niet aanvaarden. Het concept **van tijdsinterval o** heeft een definitie nodig die principieel is, met betrekking tot de relativiteitstheorie. In de relativiteitstheorie is een " **tijdsinterval** " een bepaald gemeten, HOEVEELHEID VAN TIJD, van KWALITEIT FYSIEKE TIJD. Waarbij KWALITEIT FYSIEKE TIJD relatief is. Het fenomeen " **tijdsinterval** " is aanwezig in ALLE ÉÉN ONEINDIGE WERKELIJKHEID. Het is absoluut gelijktijdig aanwezig en houdt verband met de filosofische categorie TIJD en het objectief bestaande fenomeen TIJD.

****

Het interval is gedefinieerd voor slechts één klok, en dit interval moet gelijk zijn aan het interval van de andere klok. Hier rijst de vraag wat de gelijkheid van twee tijdsintervallen betekent. Het samenvallen van twee tijdstippen moet altijd worden aangetoond . De starttijd van het eerste interval moet overeenkomen met de starttijd van het tweede interval en de eindtijd van het eerste interval moet overeenkomen met de eindtijd van het tweede interval. Dit wordt toeval van gebeurtenissen in de tijd genoemd, wat een perfect idee is van Einstein. Wanneer de coïncidentie is bewezen, is het mogelijk om te stellen dat de twee intervallen gelijk zijn. Dit is het oordeel en in het menselijk hoofd wordt een idee van gelijkheid van twee tijdsintervallen gecreëerd. Er moet altijd aan worden herinnerd dat het idee van iets anders is dan het ding zelf. Het begrip tijd is iets anders dan het fenomeen tijd. Ik zeg dit omdat ik er vast van overtuigd ben dat het concept van **het fenomeen fysieke tijd** totaal anders is dan het concept van het **fenomeen filosofische tijd** . De filosofische **categorie tijd** duidt een fenomeen van de werkelijkheid aan dat fundamenteel verschilt van de fysieke tijd van Einstein. De moderne ontwikkeling van de natuurkunde laat zien dat met dit feit geen rekening wordt gehouden.

****

meting van een **hoeveelheid tijd** wordt gedaan met behulp van een " **tijdsinterval** " en wordt gebruikt om de afstand te meten. Bij het meten van een afstand wordt een standaard gebruikt. Elke benchmark (voor afstand) heeft twee eindpunten. De twee eindpunten van de coupon vallen samen met twee punten van de ONE INFINITE EFFECTIVENESS.

Het samenvallen van punten in de Ruimte is absoluut. Het samenvallen van twee punten van een lijn met twee punten van een andere lijn is altijd absoluut gelijktijdig. Het is **het optreden van gebeurtenissen in de tijd** . Het samenvallen van deze punten heeft de hypothese van relatieve tijd niet nodig. Wanneer de standaard niet beweegt, moet het samenvallen van punten hier en nu absoluut gelijktijdig zijn met het samenvallen van punten daar en nu.

De ware stelling is:

Toen, **hier en nu**, we hebben een samenloop met, **daar en nu**.

Daar en nu is volgens de klok, **hier en nu**. Wanneer de afstanden vaak oneindig groot of oneindig klein zijn, is het bepalen van een **tijdsinterval** een moeilijke taak. En als er geen precieze definitie is, wordt **het tijdsinterval** een utopie.

6 ANALYSE 22022022

Deze analyse is uitgevoerd op tweeëntwintig februari tweeduizend tweeëntwintig. Nog een grappig toeval.

In zijn analyse gebruikte Einstein de concepten tijd, ruimte, tijdsinterval, tijdsmoment, synchronisatiecriteria, klok en tijdmeting. Einstein gebruikte concepten met het idee dat concepten buitengewoon helder, begrijpelijk en geen uitleg behoeven. Maar dit is niet zo. De vermelde concepten dienen om bepaalde fysieke verschijnselen aan te duiden. Fysieke **verschijnselen** bestaan objectief. Objectief bestaand betekent dat verschijnselen onafhankelijk zijn van het bewustzijn (menselijk denken) en dat ze buiten het menselijk bewustzijn liggen en dat ze geen product zijn van het menselijk bewustzijn. Fysische verschijnselen hebben een bepaalde essentie. De essentie van een bepaald fenomeen is een reeks afzonderlijke onderdelen. Elk onderdeel heeft een bepaalde eigenschap. Elke eigenschap is een vorm van beweging of een vorm van rust.

De som van de afzonderlijke delen behoort tot een hele essentie. Bewustzijn weerspiegelt het fenomeen en de essentie ervan. Denken is een hogere vorm van reflectie (zoek op internet naar 'Theory of Reflection', academicus Todor Pavlov). Het denkproces omvat een deel van de oneindige reeks mogelijke verbindingen tussen de eigenschappen van de delen, van de essentie van het fenomeen. Dit zijn mogelijke relaties tussen vormen van beweging en vormen van rust. Het denken, als een hogere vorm van reflectie, aan een bepaald onderwerp is enkelvoudig, enkelvoudig, wat betekent dat het absoluut is. Dit betekent dat in de ENE ONEINDIGE WERKELIJKHEID geen twee entiteiten hetzelfde denken. Elke specifieke entiteit is uniek, absoluut en weerspiegelt de ENE ONEINDIGE WERKELIJKHEID, op zijn eigen, subjectief unieke manier. Als resultaat van de reflectie verschijnen er ideeën over de vorm en inhoud van het **concept** in de geest van het onderwerp, waarmee het bestaande fenomeen objectief wordt aangeduid. Onderwerpen analyseren en communiceren door middel van concrete concepten. De vorm van het concrete concept dat door verschillende onderwerpen wordt gebruikt, is hetzelfde (het is hetzelfde woord), maar de inhoud van het concrete concept dat door verschillende onderwerpen wordt gebruikt, is anders. Humane wetenschap is het resultaat van het uitvoeren van collectieve subjectieve analyses en het vormgeven van specifieke conclusies door middel van specifieke concepten. Onderwerpen verklaren concrete conclusies en concrete concepten als subjectieve waarheid (hypothese), en dit is een conventie, een contract van subjectieve waarheid, wat een hypothese is. In de hypothese zijn dezelfde concepten met verschillende inhoud aanwezig. De aanwezigheid van concepten met verschillende inhoud betekent dat er axiomatische verborgen hypothesen zijn.

Een van de belangrijke taken van de menselijke wetenschap is het bepalen en elimineren van verborgen, impliciete, axiomatische, subjectieve waarheden.

De moderne natuurkunde zit vol met willekeurige hypothesen die verborgen zijn in de hele menselijke wetenschap. Dit is een belangrijke fout die kan worden overwonnen door het gebruik van geschikte wetenschappelijke methoden. De theorie van kennis (epistemologie) leidt ons naar de wetenschap van de filosofie, wat methodologie is in relatie tot de privéwetenschappen. Ik zal dit feit gebruiken om een geschikte definitieomgeving te creëren. De definitieomgeving is een optelsom van definities van belangrijke fysieke concepten en regels voor het gebruik van de definities.

7. DEFINITIE OMGEVING

Definitie één.
De filosofische **categorie TIJD dient om het fenomeen** TIJD aan te duiden .

Definitie twee.
Het fenomeen TIJD **bestaat** onafhankelijk van **bewustzijn** .

Definitie drie.
Het fenomeen TIJD is **een attribuut** van de ENE ONEINDIGE WERKELIJKHEID.

Definitie vier.
Een "Tijdsinterval" is een **hoeveelheid** TIJD.

Definitie vijf.
bepaalde **hoeveelheid** TIJD behoort tot een **enkele kwaliteit** TIJD

Definitie zes.
Kwaliteit definiëren TIJD is een conventie.

Definitie zeven.
Elke gebeurtenis is een **fenomeen** met een **essentie**

De definitie-omgeving is nodig voor de analyse van het fenomeen TIJD. De definitieomgeving mag worden gewijzigd, of geheel anders, wat een nieuwe conventie is.
Maar het moet aan het begin van elke analyse aanwezig zijn. Zo niet, dan is de analyse onmogelijk.

8. UITLEG OVER DE DEFINITIEOMGEVING.

Naar definitie één.
De filosofische **categorie TIJD dient om het fenomeen** TIJD aan te duiden.

Uitleg:
In de wetenschap van de filosofie zijn er fundamentele belangrijke concepten die **categorieën worden genoemd**. Het begrip TIJD is een filosofische *categorie*. Het concept **fenomeen** is een filosofische categorie die behoort tot het systeem van de dialectische logica. Dialectische logica is een onderdeel van filosofische kennis die de ontwikkeling van de absolute geest definieert (zie Hegel "Fenomenologie van de geest")

Naar definitie twee.
Het fenomeen TIJD **bestaat** onafhankelijk van **bewustzijn**.

Uitleg:
Wanneer en als **het bewustzijn** verdwijnt, blijft TIJD **bestaan**. De concepten van **bewustzijn** en **bestaan** zijn filosofische categorieën die zijn gedefinieerd in Reflection Theory. Reflectietheorie is een onderdeel van de filosofische kennis die zich bezighoudt met de studie van REFLECTIE als de **belangrijkste eigenschap** van de ENE ONEINDIGE WERKELIJKHEID. De eigenschap REFLECTIE is de oorzaak van de ONTWIKKELING van ABSOLUTE GEEST en MATERIE. In de wetenschapsfilosofie wordt de belangrijkste eigenschap van het **ding** aangeduid met **het categorieattribuut.** Wanneer en als het **ding** wordt ontdaan van het attribuut, dan

houdt het op te **bestaan** .

De filosofische categorie **bestaat, het** behoort tot de Theory of Reflection (zie internet, academicus Todor Pavlov "Theory of Reflection").

Het vingi-bestaan is in RUIMTE en in TIJD.

De concepten RUIMTE, MATERIE, ABSOLUTE GEEST zijn categorieën van filosofie.

De categorie ENKELE ONEINDIGE WERKELIJKHEID dient om de oneindige veelheid aan **objecten** en **onderwerpen aan te duiden** (zie " Tijd . Ruimte . Beweging . Rust . Relativiteit . Absoluut " Uitgeverij Lambert 2018 "). De concepten **object** en **subject** zijn filosofische categorieën die worden geanalyseerd, gedefinieerd en behoren tot de Reflection Theory.

De categorieën **iets** en **niets** behoren tot het dialectisch systeem.

Naar definitie drie.

Het fenomeen TIJD is **een attribuut** van de ENE ONEINDIGE WERKELIJKHEID.

Uitleg:

attribuut filosofische categorie geeft een onherroepelijke eigenschap aan. Elk **fenomeen** heeft een onherroepelijke eigenschap. Ik heb al gezegd dat wanneer de onherroepelijke eigenschap van **het fenomeen** wordt weggenomen , **het fenomeen** ophoudt te **bestaan** . Wanneer het TIJD-attribuut wordt weggenomen van de ENE ONEINDIGE WERKELIJKHEID, houdt de ENIGE ONEINDIGE WERKELIJKHEID op te bestaan.

Naar definitie vier.

Een "Tijdsinterval" is een **hoeveelheid** TIJD.

Uitleg:

"Tijdsinterval" wordt gemeten met een TIME-meetapparaat. Het meetapparaat van TIME meet een **hoeveelheid** tijd. Het meetinstrument van TIME wordt een klok genoemd. **Het aantal** mogelijke **klokken** in de ENE ONEINDIGE WERKELIJKHEID is oneindig groot.

Naar definitie vijf.
bepaalde **hoeveelheid** TIJD behoort tot een **enkele kwaliteit** TIJD

Uitleg:
Het type TIME is **kwalitatief** gedefinieerd TIME.
Relatieve TIJD is bijvoorbeeld **kwaliteits** - TIJD, absolute TIJD is een andere **kwaliteits** -TIJD, Einsteins fysieke TIJD is **kwaliteits** - TIJD, logische TIJD is **kwaliteit**. Er kan meer vermeld worden...

Naar definitie zes.
Kwaliteit definiëren TIJD is een conventie.

Uitleg:
In 1898 publiceerde Poincaré een artikel. (" Tijd meting .")
«Revue de Metaphysique et de Morale» (1898, t. VI, p. 1 -13).

Dit is een prachtige analyse van de problemen die zich voordoen bij het bepalen van manieren om tijd te meten. Tijdens het analyseproces onderzoekt Poincaré verschillende regels die kunnen worden gebruikt en trekt hij twee essentiële conclusies:

"In deze discussie wil ik de aandacht vestigen op twee punten.
1. De toepasselijke regels zijn nogal uiteenlopend.
2. Het kwalitatieve probleem van gelijktijdigheid is moeilijk te scheiden van het kwantitatieve probleem van tijdmeting'.

In het verre jaar 1898 is wat Poincaré zei een ware profetie van wat er nu gebeurt, in het jaar 2022. Poincaré laat de problemen zien die ontstaan bij het bestuderen van het fenomeen TIJD. Dit zijn problemen die de ontwikkeling van de natuurkunde en alle moderne wetenschap stoppen.

En als Poincaré nogmaals de tijdsintervallen onderzoekt, zegt hij:

"We moeten de volgende conclusie trekken. We kunnen intuïtief noch de gelijktijdigheid noch de gelijkheid van twee tijdsintervallen direct bepalen. Als we denken dat we zo'n intuïtie hebben, zijn we misleid. We vervangen het door enkele regels die we bijna altijd gebruiken zonder het te beseffen."

Poincaré zei dit in 1898! Dit was acht jaar vóór 1905, toen Einstein zijn eerste artikel over de relativiteitstheorie (" Zur elektrodynamiek verhuizer Körper ") . In dit artikel begon Einstein na te denken over een tijdsinterval en probeerde hij een definitie van een tijdsinterval te creëren. Maar Einstein slaagde niet. Mijn persoonlijke mening is dat Poincaré veel meer wist dan Einstein. Poincaré was zich terdege bewust van de problemen die moesten worden opgelost bij het analyseren van het fenomeen TIJD. Het was deze kennis die Poincaré ervan weerhield de relativiteitstheorie te creëren zoals Einstein de theorie creëerde. Einstein had een intuïtief begrip van het fenomeen TIJD.

En juist daarom moet volgens Poincaré de intuïtieve kennis van tijd worden vervangen door regels voor het meten van tijd. Wanneer regels voor tijdmeting verschijnen, verschijnt de TIJD - **kwaliteitsconventie.**

Regels zijn definities, conventie is een domein van definities. Het definitiegebied definieert kwaliteit TIJD. De regels die in het verdrag worden gepresenteerd, moeten aan bepaalde eisen voldoen.

Hier zijn de woorden van Poincaré:

"Wat is de essentie van deze regels?
Er is geen algemene regel. Er zijn veel privéregels die in elk specifiek geval worden gebruikt. Deze regels worden ons niet opgelegd, en we kunnen andere verzinnen. Maar ze kunnen niet worden veranderd als ze de formulering van fysische wetten, wetten van mechanica en astronomie bemoeilijken. Daarom kiezen we deze regels niet omdat ze waar zijn, maar omdat ze het handigst zijn, en we kunnen het als volgt samenvatten:

De gelijktijdigheid van twee gebeurtenissen, of de volgorde van hun opvolging, moet worden bepaald door de gelijkheid van twee tijdsduren, zodat de formulering van natuurwetten zo eenvoudig mogelijk is. Met andere woorden, al deze regels, al deze definities zijn slechts de vrucht van onbewuste afspraken .

Meer dan honderd jaar geleden creëerde Poincaré een

programma voor de toekomstige ontwikkeling van hypothesen over het fenomeen TIJD. Dit programma moet nu worden gebruikt. Ik ben het eens met de analyse van Poincaré en deel zijn ideeën over de ontwikkeling van de wetenschap die het fenomeen TIJD bestudeert. De analyses van Poincaré bevatten een enorme heuristische lading. Dit zijn leidende ideeën die wij, die het fenomeen TIJD analyseren, moeten volgen.

Naar definitie zeven.
Elke gebeurtenis is een **fenomeen** met een **essentie**.

Uitleg:
In het artikel " Zur elektrodynamiek verhuizer Körper ' , geschreven in 1905, introduceerde Albert Einstein de term 'toeval van gebeurtenissen' en stelde voor om deze te gebruiken om de gelijktijdigheid van gebeurtenissen te definiëren. Dit is wat er staat:

"Als een klok zich op een punt A in de ruimte bevindt, dan kan de waarnemer, die zich op A bevindt, de tijd van gebeurtenissen in de directe omgeving van A bepalen door te vragen naar het samenvallen van de posities van de wijzers van de klok die gelijktijdig zijn met deze gebeurtenissen."

Uit de tekst blijkt dat Einstein probeert **de tijd vast te stellen van gebeurtenissen** die zich in de buurt van klok A bevinden door de posities van de wijzers. Het oordeel van Einstein is vrij intuïtief, niet duidelijk en behoeft nadere analyse.

Einstein sprak over talloze gebeurtenissen die zich in de buurt van een klok voordeden. Elk van deze gebeurtenissen valt samen met de positie van de wijzers van de klok. Einstein merkte niet op dat in dit geval de "positie van de wijzers van de klok" een gebeurtenis vertegenwoordigt. Maar dan zijn dit twee gebeurtenissen, van twee onafhankelijke gebeurtenissen die samenvallen. Dit geeft Einstein reden om ze gelijktijdig te noemen. Dan definieert het samenvallen van ten minste twee gebeurtenissen, waarvan er één de positie van de wijzers van **een enkele klok is, ten minste**

één moment in de tijd. Dit is een heel goed idee van Einstein, dat we de hele tijd zullen gebruiken. En dan **verschijnen er gebeurtenissen** (een fenomeen verschijnt), met een **essentie** die toeval is. De gebeurtenis 'klokpositie' heeft een numerieke waarde. De numerieke waarde verschijnt in de klok en wordt toegewezen aan de gebeurtenis "wijzerspositie". De twee gebeurtenissen, die twee **verschijnselen** zijn, hebben dezelfde **essentie**, die wordt aangeduid als toeval.

En dan heeft het toeval dezelfde specifieke numerieke waarde, en wordt het een **tijdsmoment genoemd**.

Het wordt meestal aangeduid met T_n of t_n, waar, $n = 0,1,2,3,....\infty$

Een moment in de tijd is altijd het begin of het einde van een bepaald **tijdsinterval**. Of het begin of het einde van het concrete **tijdsinterval mag onbekend zijn**, en dan wordt het einde of het begin niet becommentarieerd door de onderzoeker.

9. CONCLUSIE

Je zou kunnen zeggen dat wat ik heb geschreven niet zo belangrijk is, en de speciale relativiteitstheorie is correct.
Ik zal heel kort argumenteren:
Speciale relativiteitstheorie is een theorie van fysieke tijd. Fysieke tijd werd gedefinieerd door Einstein. Fysieke tijd is relatief. De methode van Einstein gebruikt een eenvoudige wiskundige uitdrukking:

$$t_B - t_A = t'_A - t_B$$

Door deze uitdrukking definieerde Einstein het concept van " *tijdsinterval* ".
In de speciale relativiteitstheorie wordt " *tijdsinterval* " " *fysieke tijd* ". Als er twijfel bestaat dat **het tijdsinterval** onjuist is, betekent dit dat de fysieke tijd onjuist is en dat de speciale relativiteitstheorie onjuist is.

www.ingramcontent.com/pod-product-compliance
Lightning Source LLC
Chambersburg PA
CBHW070306220526
45465CB00004B/1764